——Lazy Ant——
懒蚂蚁

U0190713

微百科系列·第二季

石墨烯
改变世界的超级材料

THE GRAPHENE
REVOLUTION

The Weird Science
of the Ultrathin

［英］布赖恩·克莱格

著

杜美娜

译

重庆大学出版社

献给

吉莉安、丽贝卡和切尔西

目录

目录

1

胶带里的答案

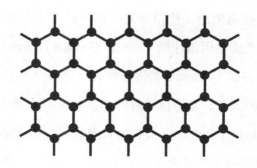

▶▶▶

小实验"大"项目

过去，科学家要么单枪匹马，要么寥寥数人，凭着一点聊胜于无的经费就能在实验室里捣鼓出令人惊叹的成果，第二次世界大战前的科学发现几乎无不如此。然而到了 21 世纪，前沿科学研究势必是要投入大量人力物力的，这早已成为人们下意识的观念。本书接下来讨论的内容将会颠覆这一认知。

我们先回顾一下 2000 年以来人类在科学上的重大突破。21世纪初，人类基因组工作草图耗时数年后终于在 2001 年得以发表，发布方人类基因组计划（Human Genome Project）国际组织和私人企业塞雷拉（Celera）基因公司为此分别投入了 30 亿美元和 3 亿美元。2013 年，欧洲核子研究中心（CERN）的大型强子对撞机（Large Hadron Collider，被誉为目前世界上最大的机器）研究团队宣布探测到了希格斯玻色子（Higgs Boson），至今该研究项目耗资已超过 50 亿美元。

又比如，耗资 10 多亿美元兴建的激光干涉引力波天文台（LIGO），吸引了全世界范围内 1 000 多名科学家参与其中，并在 2016 年和 2017 年数次宣布探测到引力波。这样的投入不可谓不令人咋舌，但它与耗资超过千亿美元的国际空间站（International

Space Station）比起来也不过是小巫见大巫，更不用说后者尚未取得任何重大突破。[1]

所以对比起来，两位来自曼彻斯特大学的物理学家凭着几块石墨、几卷胶带和几乎可以忽略不计的预算能折腾出什么来呢？他们还真折腾出了些眉目——可能是 21 世纪迄今为止最具深远影响的科技突破。和上述动辄耗资数亿美元的科学研究项目对比起来，这个在曼彻斯特大学实验室里进行的超薄物质研究更具实用性，此外，它还拓宽并深化了我们对物理学和化学的认知。这是个微成本的小实验，却意义重大。

说到曼彻斯特，这座城市一直有科学研究的传统，尤其是在原子研究领域一枝独秀。时光回溯到 19 世纪早期，正是在这里，约翰·道尔顿（John Dalton）提出了原子理论，改变了我们对物质的认知。近一个世纪后的 1900 年，人们在更名为曼彻斯特维多利亚大学（Victoria University of Manchester）的曼彻斯特欧文斯学院（Owens College）里修筑起了一座全新的物理学系建筑，它配备了当时最先进的除尘设施和通风系统，通过油浴过滤法为这所工业重镇的学校清洗着满是尘霾的空气，去除其中的烟尘。

---

1 严格说来，国际空间站的本质是空间实验室，为太空探索等空间科学及技术研究提供合适的微重力环境，所以我们其实不应将其归类为科学研究项目。然而，人们常常将其本身曲解为科学研究。

而在曼彻斯特大学的同一个实验室中，先是有欧内斯特·卢瑟福（Ernest Rutherford）发现了原子结构，继而有尼尔斯·玻尔（Niels Bohr）参与创立了全新的量子力学理论（当然，其中还包含着多位科学家的杰出贡献），在认识原子内部结构上迈出了开创性的一步。自那以后，从焦德雷尔·班克天文台（Jodrell Bank Observatory）的建立到艾伦·图灵（Alan Turing）在计算机科学上的突破，科学创新和进步的成果在曼彻斯特遍地开花。同样意义重大的发现还出现在曼彻斯特大学物理学系大楼里[1]，安德烈·海姆（Andre Geim）和康斯坦丁·诺沃瑟洛夫（Konstantin Novoselov）通过"星期五晚的实验"发现了神奇物质石墨烯，并开展了一系列探索其他超薄物质的研究，一切如同天意。

诺沃瑟洛夫出生于俄罗斯，他在荷兰内梅亨大学（University of Nijmegen）求学期间的博士生导师恰巧是海姆，两人因此结缘。诺沃瑟洛夫于 2004 年取得博士学位。同样出生于俄罗斯的海姆比他年长 16 岁，当时已因其古怪却不乏横向思维的科学研究项目在学界颇有名气，从关于青蛙和仓鼠的著名实验便可窥见一斑。

1　2004 年，曼彻斯特维多利亚大学与其他学院合并成为曼彻斯特大学。同样的物理学系，但已不在同一栋建筑。1900 年的物理学系大楼如今归属学校行政部门使用。

让青蛙悬浮、与仓鼠合著——石墨烯发现者的"传奇"往事

2000 年，也就是海姆凭借发现石墨烯获得诺贝尔物理学奖之前 10 年，他因成功让青蛙悬浮在空中获得了当年的搞笑诺贝尔奖（Ig Nobel Prize）。[1] 搞笑诺贝尔奖是对诺贝尔奖的谐谑模仿，从 1991 年开始颁发，目的是选出那些"乍看令人发笑，之后发人深省"的研究。[2] 曾获此奖的论文或发明有"一只猫能否同时处于固体和液体状态？""屎壳郎会利用银河进行定位""在火灾等紧急情况下能够唤醒睡梦中人的恰当的芥末浓度"等，这些听起来奇奇怪怪的研究常能引起人们的兴趣和深思。海姆的获奖实验证明的是磁体完全可能使青蛙这样的有机体悬浮在空中。

玩过磁铁的人都知道，把两块磁铁同极相对叠放在一起时，它们会互相排斥。如果磁力够强，上面的磁铁可能还会悬浮起来。毫无疑问，这个特性有很大的应用价值。20 世纪初就有人提出可以利用磁铁同极相斥的原理让火车悬浮于轨道之上，并据此制造出了磁悬浮列车的雏形。然而直到强力超导磁体研究获得突破，磁悬浮列车才得以大规模商用。笔者写作本书时，日本的基于磁悬浮技术的超导中央新干线正在建造中，其设计运营时速可

---

1 海姆是第一位获得搞笑诺贝尔奖和诺贝尔奖的"双料得主"。
2 搞笑诺贝尔奖由马克·亚伯拉罕斯（Marc Abrahams）创办。从 1991 年开始，每年颁奖一次。

达 500 千米。

要让重达数十吨的火车悬浮在铁轨上需要很强的能量，这涉及迈克尔·法拉第（Michael Faraday）曾经研究过的现象，即常规的同极互斥现象因磁场的原因出现在磁铁和金属之间。不过我们都知道，磁铁对生物是产生不了作用的——那么海姆和他的合作伙伴，来自布里斯托大学（University of Bristol）的迈克尔·贝瑞（Michael Berry）是怎么做到的呢？他们如何用一块强力电磁铁就成功地让一只青蛙悬浮在了半空？

这要从不同金属对磁性的反应说起。铁跟铜都是优良的电导体，然而铁对磁性有很强的反应，铜却没有。造成这种区别的主要原因在于这些金属物质原子中的电子排列方式不同。电子按"壳层"排列，每一"壳层"中填充的电子数量是一定的。关于这一点，本书后文有详细解释。铜原子最外层只有一个电子，导电时很容易挣脱，剩下的壳层是填充完整的，因此以晶格结构排列的铜原子是相对对称的。铁原子却不同，铁原子因导电失去电子后，剩下的壳层并不是填充完整的——这意味着铁原子中存在一定程度的不对称，从而使每个原子都像一个微型的磁铁，在磁场的作用下排在一起。

相比之下，青蛙和其他生物并非由金属组成（当然，血液和各种组织器官中含有少量金属）。不过青蛙同样由原子和分子组成，这些原子和分子中也含有电子。我们不妨用水分子的不对称结构来举例说明。在强磁场中，水分子倾向于排列在一起对抗作用在其上的初始磁场，从而形成微弱斥力，我们称这种现象为抗磁性。这种力与磁铁对金属的作用力比起来，不及后者的万分之一，但是如果作用在青蛙身上的磁场够强，便足以克服微弱的地球引力而让青蛙悬浮起来。[1]

　　海姆这个"悬浮的青蛙"的实验，灵感来自他在闲暇时不经意了解到的"磁化水"现象，当时这个现象用现有的理论无法解释。他注意到有人说在水龙头和水管上放置磁铁可以阻止水垢的聚积（实际上，网上有很多产品声称有这样的功效），但是背后的原理却不甚明了。于是很多人怀疑这只是商家的噱头。海姆说："（现象）背后的物理原理不清楚，于是许多研究人员便怀疑现象本身的存在。"海姆从来不会被别人的想法左右。他做了几次实验尝试弄清楚，但实验并不成功，最终他坦陈自己也没找到什么合理的解释。但正是这个过程让他开始关注水，正好他的日常工作中又涉及超强磁铁，磁性比当代典型的高强度钕铁硼磁铁还要强 200 倍。

1　地球引力似乎是很强的力，但想一想冰箱贴，一块小小磁铁的吸力就能让它稳稳地贴在冰箱上，而整个地球的引力都没能让它偏动分毫，这说明磁铁的吸力更强。而电磁力和地球引力相比，更是强了数个数量级。

他之所以选择青蛙作为实验对象，一是因为它们质量很轻，二是与其他动物相比，青蛙体内含水量较高。另外一点，直白点说就是比起用人或小狗做实验对象，青蛙如果在实验中受到伤害，其所引发的麻烦要小一些。而且，用电磁体让一只青蛙在空中悬浮起来要比让人悬浮容易得多。不过，这个实验一开始的实验对象只是普通的水滴，难怪媒体没有注意到。海姆在发表诺贝尔物理学奖获奖感言时曾说："往一台精密且昂贵的实验仪器里倒水，显然不是什么正规操作。现在我也记不起来当时为什么会这么'不专业'。过去肯定没什么人这样'鲁莽'……"他的同事们后来建议他用啤酒来继续这个实验。不知道海姆有没有照做，听起来倒是很符合他的风格。

实验对象从水滴换成生物后，另一个更现实的问题让人不得不关注：极强的磁场会在大脑中产生电流。人们在经颅磁刺激（Transcranial Magnetic Stimulation）医疗过程中观察到这一现象。靠近头骨的强力磁铁会生成电流在颅骨组织中流动。磁场强度较低时对生物体有益，可以进行非侵入性脑刺激治疗，但磁场强度提高到一定程度后，产生的强电流会造成头痛。好在青蛙在实验中似乎没有头痛的迹象。

其实海姆和贝瑞的研究是很严肃的（主要研究抗磁性材料[1]，

---

1 抗磁性材料本身不具备磁性，但会对磁场产生排斥反应。

而不仅仅是悬浮的青蛙），但在他俩撰写的关于这项研究的论文里，理性的基调中还是会时不时透露出海姆的幽默感。比如，我们会读到这样的话："将这一效应应用到生物体上，会出现一些反常规的现象，如肌肉的磁化率[1]大于骨骼的磁化率，生物的肌肉会变得像骨骼一样坚挺，骨骼反而会像肌肉一样软绵绵地垂在里面。没准这会激发产生一种全新且昂贵的整容手术。"

次年，海姆在为刻板的《物理B：凝聚态物理》（*Physica B: Condensed Matter*）杂志撰写题为《用磁悬浮陀螺仪检测地球自转》（悬浮效应更具现实意义的应用）的论文时，再一次因率性而扬名。因为他这篇论文的唯一合著者名为 H.A.M.S. ter Tisha，即他的宠物仓鼠蒂莎[2]。

他这是在褒奖蒂莎为早期悬浮研究作出的贡献。蒂莎是第一个进行生物悬浮试验的动物，但在实验中反应很大。海姆后来说："我们最初用仓鼠做实验，发现仓鼠很抗拒，后来才换成了青蛙。"青蛙似乎在这个实验中更"冷静从容"。

1　磁化率是用来衡量物质与磁场相吸或相斥强度的指标。

2　蒂莎不是历史上唯一与人"合著"科研论文的动物。美国生物学家波莉·马特辛格（Polly Matzinger）的狗——盖拉德丽尔·米尔克伍德（Galadriel Mirkwood）曾与她"合著"论文，而美国物理学家杰克·海瑟林顿（Jack Hetherington）的猫——切斯特（Chester，笔名为 F.D.C. 威拉德）不仅与他"合著"论文，甚至还有一篇给法国流行科学杂志"写"的独立署名的文章。

最薄不过"笔尖"

为安德烈·海姆和康斯坦丁·诺沃瑟洛夫赢得诺贝尔物理学奖的是他们对石墨烯的研究。所谓石墨烯，其实就是单层原子厚度的石墨———一种碳质元素结晶矿物，只不过它只有一个碳原子那么厚。说到石墨这种物质，我们或多或少都使用过，奇怪的是，当它以笔芯的形式出现在铅笔中时，我们通常称其为"铅"。

一眼看去，很难理解为什么人们会把石墨和铅混淆在一起。因为铅是一种暗灰色的金属，明显不是用来书写、画画的材料；而石墨则是由碳元素组成的黑色非金属物质，有光泽，看上去与煤别无二致。对于为什么我们会把铅笔芯称为 "铅"，众说纷纭，可能最说得通的（并不一定准确）推测就是罗马人曾经用于书写的一种尖头笔状工具是用铅做成的。

另一种能自圆其说的解释听起来则更为合理：用来提炼铅的天然矿石方铅矿主要含有硫化铅。（由于方铅矿中常伴生有银，所以它不仅是提炼铅的主要矿物原料，同时也多用来提炼银。）其外观为偏黑色、有金属光泽的晶体，看上去与天然的石墨矿石非常相似。石墨最初被发现时，人们称之为铅或黑铅，因为在当时的人看来，这就是方铅矿的一个变种。到了 18 世纪 70 年代，石墨和铅的区别虽然已被澄清，"铅"这种叫法却沿用了下来，我们如今依然称呼笔芯为"铅笔芯"。

　　即使大部分人从来没有亲眼见过铅笔制作过程，但石墨是制作铅笔的主要材料这个事实应该是"显而易见"的。因为1789年地质学家亚伯拉罕·维尔纳（Abraham Werner）将其命名为"graphit"（与现行拼法"graphite"相比，词尾没有"e"），字面意思就是"用来书写的矿石"。优质铅笔（最初的制作方式是将石墨矿石切割成细条，再用绳子或动物皮毛将其捆裹起来以防折断）的产销行业曾一度为英国所垄断，因为当时欧洲已知规模最大的高纯度石墨矿就位于英国北部的坎布里亚（Cumbria）[1]。直到其他国家开始使用更容易获得的粉末状石墨之后，铅笔才在世界范围内普及开来。

　　石墨之所以能制成笔芯用来书写、画画，得益于它的晶体结构。说到碳元素组成的晶体，可能我们首先会想到的是金刚石（它确实是碳元素组成的晶体），因为在我们普遍的认知中，晶体是透明且坚硬的。但事实上，无论是元素还是化合物，只要其物质单位按一定规则重复排列，组成一定形式的晶格，我们就可以将其归类为晶体。例如，各种金属虽然外观与金刚石大相径庭，但都属于晶体。而笔芯中的石墨和金刚石一样，都是货真价实的晶体，只是原子排列的形式不同。

1　英国著名的铅笔博物馆就位于坎布里亚郡的凯西克。

相对于金刚石这种单质晶体的物理结构，石墨晶体是由原子厚度的石墨片层一层一层叠加而成的。就一个片层而言，每个碳原子与周围的碳原子结合得都非常紧密；但层与层之间碳原子的联系就比较松散，在外力的作用下很容易被剥离。当我们书写、画画时，笔芯尖端的石墨与纸发生摩擦，使该部位的石墨片层剥离、黏着在纸上从而形成笔迹。石墨片层与片层之间容易剥离这一特点还造就了它另一个奇妙的特性：那就是石墨虽然是固态物质，它却是非常好的润滑剂。我们经常能在各种润滑剂的添加剂中发现石墨的身影，就是这个原因。

也正是由于石墨片层能够很容易从石墨上剥离，才有了石墨烯的问世。因为本质上，石墨烯就是分离出来的单层原子的石墨。不过，这当然不是简单地用铅笔在纸上涂抹就能获得的。因为纸上的铅笔痕迹是很多层石墨烯叠加在一起的效果。如果不是有很多层石墨烯，我们根本无法看到自己写了什么，因为石墨烯本身几乎是透明的。海姆和诺沃瑟洛夫能成功制得这种神奇的物质，可以说是机缘巧合。

寓科研于娱乐

2001 年，安德烈·海姆放弃在荷兰的工作来到曼彻斯特大学担任物理学教授。从"悬浮的青蛙"实验中便可看出，海姆视科学研究为探险，可能会突然掉头转到一个八竿子打不着的方向。他说，在他所热衷的探险中会遇到一些障碍，其中之一就是"典型的学究"。他形容他们"就像铁轨上的火车一样，从科研起点开始一直做着既定的事，直到科研的终点。他们沿着同样的轨道前进——这还不是英国的轨道，而是西伯利亚土地上的那种直线型轨道。我认识很多科研工作者，俄罗斯人和英国人都有，他们一成不变，从不会尝试任何偏离轨道的事情，因为理智告诉他们不该那样做，那样做很危险……但是试探新的方向会让人学到不同的东西，会让你得到更多的'乐高零件'。而你拥有的零件越多，能拼出的结构就越复杂"。

"乐高零件"的比喻反映了海姆的一些独到的工作方法，正是这些让他有别于其他科研人员。他的"乐高理念"意在利用实验室现有条件多做新的尝试，也就是尝试利用手里的"乐高零件"组装出不一样的模型。而在铁轨的比喻中，他认为要勇于偏离传统的轨道去探索周围的世界。总结来说，他的"乐高方法论"可以概述为"手头有这些零件，那就充分利用它们搭出些新东西"。而面对"传统轨道线路"的藩篱，海姆打破它们的一种做法就是提倡在周五晚上进行打破常规的科研尝试，这也是他"科研应该是'试错总比无聊好'"这个思想的体现。

海姆"不走寻常路"的科研方式可以追溯到他在莫斯科附近

的切尔诺戈洛夫卡固态物理研究所（Institute of Solid State Physics in Chernogolovka）攻读博士学位时的经历。他当时的研究课题是"通过螺旋电阻法研究金属中的传输弛豫机理"。后来，他在诺贝尔物理学奖获奖感言中不无自嘲地说："现在的人觉得这个研究无聊，那时也没好到哪儿去。"海姆提到他就这个课题发表了5篇论文，总共只被引用过两次，还是合著者引用的。"在我攻读博士学位之前，这个研究方向就没落有10年了。不过，再黑的乌云也有金边。这段经历教会我，绝不要用'僵尸项目'来折磨学生。"

因此海姆给在曼彻斯特大学求学的博士生姜达（Da Jiang）一块石墨，让他将其加工成尽可能薄的石墨薄膜时，并非意在重拾这个"僵尸项目"。媒体报道中说这块石墨是铅笔芯，其实是以讹传讹。这是一种高定向热解石墨，是经由高温高压处理后形成的近乎完美的碳层块[1]，造价高达300英镑（约合人民币2 673元）一块。至少到这里，海姆的本意是想给姜达一块高定向热解石墨。然而，正如海姆在诺贝尔物理学奖获奖感言中承认的那样，他无意中给了姜达一块高密度石墨而非高定向热解石墨，这使分离出完整石墨薄膜的工作难度陡升。海姆希望姜达能分离出只有

1　有一种适合制作石墨烯的高品质石墨叫集结石墨（Kish graphite），在炼钢时可以从铁液中析出。

二维原子层那么薄的样本，因为据说在这种情况下它将会拥有与普通石墨截然不同的特性。

姜达用了打磨的方法来获取样本。他用抛光机一点点磨掉多余的片层，最后得到了一片薄薄的石墨。尽管这片石墨已然是抛光机所能制成的石墨薄膜的极限，但这远远没有达到海姆所期待的厚度——一个原子那么厚。海姆想要探索和研究的特性必须在足够薄的样本中才能体现。这件事再次展现了海姆的"拓荒精神"，当时很多专家学者都认为这种只存在于理论中的二维晶体，包括一个原子厚度的石墨片层——石墨烯，即使能够分离出来也会因性状不稳而分解成尘。

据说姜达在第一次实验失败后曾找海姆要新的石墨想再次进行尝试，这无异于"狮子大开口"。因为海姆这个缘起于"悬浮的青蛙"实验、用来在闲暇时间进行科学探索的"星期五晚的实验"项目异常拮据，那点儿预算不过是聊胜于无。海姆后来回忆这件事时说，"你简直想象不到我有多'激动'"，因为姜达又来了。不过，为了避免让更多的钱"打水漂"，海姆采纳了高级研究员奥列格·什克里亚列夫斯基（Oleg Shklyarevskii）的建议。

事情是这样的：奥列格听到了海姆为"打了水漂"的石墨长吁短叹。在海姆看来，这无异于磨光了一座"金山"可最后只得到一粒"沙子"。于是奥列格告诉他，人们拿石墨做研究时首先要进行清理，以确保表面的平整。因为奥列格是扫描隧道显微镜（Scanning Tunneling Microscope）领域的专家，在他从事的这行里通常会用石墨来做显微镜的基准样本，因此他了解这一情况。

制备校准显微镜的样本时，人们会把胶带黏在石墨上，揭下时石墨表层随之剥离，从而露出干净平整的表面。而那些胶带则被随手丢在了垃圾桶里。海姆后来说："这些人一点儿都没意识到，他们扔掉的不是胶带，而是诺贝尔奖。"

海姆和奥列格一起在实验室翻找垃圾桶，找到了很多黏有石墨片层的透明胶带，谢天谢地，固态物理实验室的垃圾桶不像生物实验室或化学实验室的垃圾桶那样危险！这很符合"星期五晚的实验"一贯的风格。尽管这些胶带上附着的石墨片层还是不够薄，未能展现出石墨烯可能拥有的特性。但放在显微镜下看，它们比姜达磨制出来的薄片要薄得多，甚至有些胶带上的石墨片层因为太薄而呈透明状，这意味着它们可能只由寥寥数层碳原子组成。

海姆说："我们没有发明石墨烯，只是清楚地看到了一样在我们眼皮底下存在了 500 多年的事物。"[1]

1　"graphene"（石墨烯）这个名字并非源自海姆。20 世纪 80 年代就有人用此来描述石墨的片层以及在稳定状态下由此形成的碳纳米管。不过，一直以来人们都认为完整的石墨烯不可能从石墨上被直接分离出来，因为它们不可能保持稳定的形态。

后来康斯坦丁·诺沃瑟洛夫与海姆全力投入该实验。他们致力于分离石墨薄片，用胶带反复将其剥离，然后将胶带压在表面已氧化的硅晶圆上。由于范德华力（后文会详细探讨）——较弱的分子或原子间作用力的影响，外层的石墨烯层会黏附在硅晶圆上。因此将胶带小心剥离时，硅晶圆上会留下一些更薄的石墨片层。在用不同的实验方法尝试一年后，这对师生终于达成了终极目标——制得了单个原子厚度的碳层，碳原子呈整齐规则的原子晶格状排列，就像一组互锁的六边形苯环。这种物质即将因其广

石墨烯的碳原子以六边形晶格结构排列

泛的用途和独特的性质引起全世界的关注。

这种近乎二维材料的存在本身便已隐隐透露出它不寻常的特性。所有原子都处于不停的运动中，所以通常情况下物质依赖于其组成结构让原子层各安其位。石墨的结构是层层原子层相互支撑、依附。若只有一层原子，依据常理原子会因热活动而彼此分离。然而这种新材料的强度却足以抵抗这种类似涟漪效应的力。有研究者认为，石墨烯的强度是钢的 100 倍，导电性是铜的 100 倍。

海姆和诺沃瑟洛夫的发现使他们在其后短短几年时间内将从超强材料、柔性电子材料到用于海水净化的分子筛都变为可能。但在了解石墨烯及其惊人的应用前景之前，我们需要先从最基本的"乐高零件"——构成这种物质的原子以及这些原子如何相互作用开始说起。

2

物质的本质

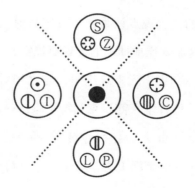

►►►

无处不在的原子

要想知道原子的概念从何而来，我们需要追溯到大约2 500年前。那时的古希腊人针对物质的本质提出了两种相互矛盾的理论。公元前5世纪，生活在西西里阿格里真托（Agrigentum）城邦的哲学家恩培多克勒（Empedocles）提出了"土、水、气、火"四元素的概念。约100年后，古希腊哲学家中的翘楚亚里士多德添加了第五种元素，称为精质（有时也称为以太），他认为这很必要。因为当时的主流观点认为，在月球轨道之上的一切都是不变和永恒的——这需要比地球上的元素更稳定的东西才能实现。

就在恩培多克勒提出元素理论时，与之相对的另一理论发端于同一时期。另一位哲学家德谟克利特（Democritus）在他的师长留基伯（Leucippus，此人的存在存疑[1]）的支持下提出：一切都是由原子构成的——从字面上讲，原子是"不可切割"[2]的物质碎片，是物质中可能存在的最小成分。

1　几乎没有证据证实在德谟克利特之前留基伯真实存在过。有些人认为他是一个虚构的人物，是为了让原子说更有说服力。
2　原子最初的拉丁文名字"atomos"是由表示否定意思的"a"和表示切割意思的"tomos"组成的，意即不可切割。

原则上，这两种理论是兼容的——就像我们现在能愉快地讨论这两种学说，因为它们从不同层面解释了原子结构以及原子本身。然而，在哲学层面上——古希腊人最看重的事情——这两种理论在验证法上有显著的不同。推崇原子说的人认为，不同的物质由不同的原子组成，才使其成为现在的物质。因此，木头原子和奶酪原子是不同的，每种原子都有其独特的形状。那些支持四／五元素说的人不仅反对这一理论，而且从亚里士多德开始，他们就因为其话外之音而对整个原子说感到不满。

他们不满的点在于，如果事实真如原子说支持者所设想的那样，那么原子之间必然存在着真空。但现实生活中几乎没有哪种三维形状可以填满所有空间而不留下空隙。即使有也没有那么多种形状，使每种物质的原子都各不相同。而且亚里士多德坚信，自然界中并没有真空存在。

亚里士多德反对真空存在的论据之一，与牛顿第一运动定律惊人地相似。亚里士多德认为，如果真空存在，"那没人能解释为什么一个运动的物体会停在某处，为什么要停在这里而不是那里？它应该要么保持静止，要么一直前进直到有什么东西阻挡了它"。他说得不错，事实确实如此。他据此认为真空的说法不值一驳。但这其实是因为在正常情况下，物体的运动通常受到摩擦和空气阻力的限制而停止。

数度交锋之后，古希腊哲学家们最终放弃了原子说。这其实并没有那么令人意外。也许更让我们现代人感到惊讶的是，五元素说比德谟克利特和留基伯提出的原子说更有科学意义。现在来看，亚里士多德是错了——但至少他的理论对不同物质的转化做出了解释。

例如，木头燃烧时会释放出气体般的烟和炽热的火焰，如果燃烧的是刚砍下来的树枝，树枝遇热后还会渗出水样的液体，最后只剩下土一样的灰烬。元素理论似乎能解释这一点，只要假设木材是由元素构成的。相较起来，古希腊的原子说却经不起这样的验证。每种物质都由独特的原子构成，这无法解释一种物质是如何转变成另一种物质的。因此，亚里士多德的五元素说在牛顿之前的时代一直占据着主导地位。

道尔顿的发现

时间推移到 1800 年，比起最初人们认为的四种或五种元素，人们新发现的元素越来越多，而这些元素特定的结合方式似乎意味着它们本身是由更基本的物质单位构成的。作为曼彻斯特当时的科研领军人物，我们已经在前文提到过的约翰·道尔顿，他认为有些物质是由同一种原子构成的，而还有一些更复杂的物质则是由不同的原子构成的——我们现在称之为化合物。

道尔顿是个非凡的人物。作为贵格会（Quaker）教徒，他无法在英国的大学中接受教育，因为大学只对信奉英国国教的人开放。他获取知识的途径主要是阅读和接受周围人的教导。不过他似乎对自己的学识很自信，因为 15 岁时他就已经在学校授课了。尽管有证据表明，通过对不同气体和液体以及它们之间的相互作用的研究，他提出了原子理论，但他到底是如何得出这个理论的仍有未解之处。

古希腊原子说的支持者认为不同的原子有不同的形态，道尔顿在这方面并没有什么新的见解。人们之所以接受他的理论，是因为它确实非常有用。其实，他的同时代人中有一部分甚至都不相信原子本身的存在，只是觉得这个理论提供了一个合理的模型来描述不同元素之间如何相互作用。直到 20 世纪初，人们才开始广泛接受了原子的存在。

道尔顿突破性理论的核心是原子量的概念。他为不同元素的原子确定了相对质量，最轻的氢原子，质量为 1。每种元素的原子都是构成物质的独特的组成部分，它们有自己的质量（是氢原子质量的倍数），且原子之间倾向于发生反应，不同原子以简单的比例关系形成化合物。

在熟悉亚原子粒子的现代人看来，道尔顿关于其他元素的原子质量恰好是氢原子质量的倍数这一观点很明显颇有蹊跷。从数

元素及它们的原子量，摘自道尔顿的著作《化学哲学新体系》（*A New System of Chemical Philosophy*）

学上讲，当一系列项存在相同基础数值的增加的规律时，就意味着倍数结构。应用于道尔顿的原子理论，这暗示着所有原子都是由氢组成的，或者所有原子都具有一些同样的成分，我们难免会猜测这是道尔顿的本意。但似乎无论从道尔顿本人还是他的同时代人的表述来看，情况都并非如此。

曼彻斯特科学史学家詹姆斯·萨姆纳（James Sumner）指出，

实际上道尔顿认为原子量并不是精确的整数倍。萨姆纳说："将水描述为氢和氧的化合物时，道尔顿指出这些原子的质量比例'接近于1：7……'。"此外，"'接近'这个词在道尔顿提出的许多比例中都反复出现，这可能转移了人们对其构成原理的注意"。

更重要的是，"道尔顿特别在意原子的物理尺寸，设想它们是球形的，而非简单地将氧原子概念化为类似七个氢原子的集合体"。实际上，与其说道尔顿是在探索物质的基本结构，不如说是在建立一种模型，利用物质的构成粒子的概念来解释气体混合时发生的反应。他能据此推断元素是如何合成到一起的。道尔顿最初的研究目的仅仅聚焦于一个很小的应用范围，却无心插柳促成了原子量理论的问世。

由于当时测量方法的粗疏，他测出的原子量的值存在大量误差。他的数据常常不准，而他本人却没有意识到这一点。例如，空气中的氧分子是由一对氧原子通过化学键结合在一起而构成的。他对分子中原子数的设想常常与我们现在所熟知的数值相差甚远。由于没有科学的方法来确定元素中原子的比例，道尔顿强加给它们"最简单的规则"，却没有证据来支撑。若没有证据表明实际情况另有不同，他便假定元素就是通过这样最简单的组合构成物质的。

例如，道尔顿认为，水是"二元"原子，由一个氢原子和一个氧原子组成。而现代人都知道水的化学分子式为 H_2O，即包含一个氧原子和两个氢原子。同样的，他认为氨（NH_3）由一个氢原子和一个氮原子构成。更离谱的是，他认为酒精，大概是酒精饮料中的乙醇（C_2H_6O），是由三个碳原子和一个氮原子组成的。

顺便提一下，他绝不会喜欢诸如 H_2O 之类的分子式。他不喜欢瑞典化学家雅各布·贝采利乌斯（Jacob Berzelius）开创的这套化学符号，而总是使用自己的符号。他的化学符号是一个个圆形，里面含有不同的形状，让人联想到古希腊人的原子说。

不过，我们不应该因为道尔顿没有测算出化合物中元素的真实比例而过分苛责他。在他所处的时代，实验设备非常简陋，并且即使按 1800 年的标准来看，他的科学研究与发现都属于前沿课题。他研究的许多元素在当时的发现历史也不过 30 年。例如，氧和氮是在 18 世纪 70 年代被发现的。而直到 1905 年爱因斯坦写了一篇论文阐述了布朗运动，诸如花粉小颗粒在受到水分子撞击后会在水中反弹的无规则运动现象，才算证实了原子和分子的存在。

这个以苏格兰植物学家罗伯特·布朗（Robert Brown）的名字命名的布朗运动[1]究竟是怎样产生的，此前没有人知道原因。甚

1　荷兰生物学家简·英格豪斯（Jan Ingenhousz）早于布朗 50 年在水中的木炭颗粒运动中观察到类似现象，但最后还是布朗获得了以其名字命名这一现象的殊荣。

2 物质的本质 / 027

至人们一度认为这可能是由于花粉小颗粒中的生命力所致，直到有人指出完全无生命的物质也会发生这一现象。爱因斯坦认为布朗运动是由于不断运动的水分子反复撞击这些更大的粒子，共同导致微粒在液体中的随机舞动[1]。这个解释之所以能打消人们的疑虑让多数人接受，是因为爱因斯坦以数学为支撑，证明了如果分子（甚至原子）确实如道尔顿理论描述的那样真实存在，那么这种现象便能解释得通。

并非不可分割

到了 20 世纪初，人们逐渐接受了原子的存在，而越来越多的证据表明，原子并不像它的名字寓意的那样"不可分割"。这一切都始于阴极射线的意外发现。这个词可能会让人想起老式电视机或计算机显示器，就是那种屏幕后面有一大块突出物的电器。20 世纪 90 年代之前，大多数英国家庭中都有这样的电器，它们使用的技术与维多利亚时代英国物理学家威廉·克鲁克斯（William Crookes）等人使用的技术没什么不同。克鲁克斯是一位自学成才的科学家，他早期主要研究真空管和接近真空的密封玻璃管中的电效应。由此发展而来的阴极射线管通常被称为克鲁

---

1 传统上称之为"酒鬼漫步"。

克斯管（Crookes tube）。

自19世纪30年代迈克尔·法拉第注意到这种真空管会产生一种奇怪的辉光起，人们就在真空管内的两个电极上接通电流进行试验，这时的真空管只是简单处理后的"真空"。随着真空泵的出现，人们能从真空管中抽走大部分气体，相关试验会导致真空管内部大部分区域变暗，但某些看不见的物质却通过真空管使管末端的玻璃发光。在经典的克鲁克斯管演示试验中，电流从带负电荷的阴极流过，经过带正电荷的阳极，撞击到玻璃上，而阳极的形状（通常是马耳他十字形，原因不明）以阴影状显现。

随着研究人员对这些"阴极射线"越来越熟悉，他们在真空管的末端涂上了如硫化锌之类的物质，这些物质发出的荧光比玻璃的反光还强，能产生更明亮的辉光。显像管（CRT）电视机只是基于此现象的更复杂的版本，其中的"阴极射线"能够在磁场和电场作用下产生图像。但这些射线是什么呢？一些人认为它们是带电的物质，是带有电荷的原子（我们现在称之为离子），而另一些人则认为它们是另一种形式的电磁辐射。

剑桥大学物理学家约瑟夫·约翰·汤姆森（Joseph John Thomson）根据它们撞击金属接点时产生的热量及它们被磁场偏转的量，设法测量了构成这束射线的粒子的质量，结果表明它们肯定不是某种形式的光。然而，他测算的结果表明它们也不是离子。汤姆森发现，射线的组成粒子的质量可能仅是已知最小的原子——氢原子质量的千分之一，后来他进一步精确为氢原子质量的一千八百分之一。

这些粒子似乎是从游离的气体原子或电极物质中产生的，总之是从原子中产生的，比原子要小得多。从它们的产生方式来看，是原子被分割，或者至少有微小部分的脱离才会出现这种情况。汤姆森称这些粒子为微粒，但不久它们就被称为电子，如今已成为电池电量的最小单元。

电子的存在本身并不足以说明原子内部发生了什么。就像虽然有东西从黑匣子里出来，但这并不意味着我们知道黑匣子里的情况。汤姆森的理论——通常被称为"梅子布丁模型"（plum pudding model）——认为原子是由一组带负电荷的电子组成的，这些电子分散在一个无质量、带正电荷的"矩阵"中，这个矩阵将它们固定在相对平衡的位置，使电子成为模型中的"梅子"[1]。

现在看来，汤姆森的模型很奇怪的一点是这个正电荷矩阵没有质量。这意味着如果汤姆森的模型成立，那么原子的所有质量都来自它的电子。这意味着氢原子需要 1837 个电子才能达到现在的质量，而根据现代人对原子质量的认知，我们知道氢原子只

1　严格说来，这个模型中电子是用葡萄干而非梅子来代表的。"梅子布丁"这个明显错误的名字来自圣诞布丁。

包含一个电子。

随后，在曼彻斯特，在新西兰裔物理学家欧内斯特·卢瑟福的实验室里，人类即将进一步揭开原子的面纱。卢瑟福的团队当时在研究 α 粒子——一种带正电荷的粒子，与电子比起来其质量更接近原子，来源于新发现的放射性物质。在来曼彻斯特之前，卢瑟福已经发现了两种不同的射线，他将它们命名为 α 射线和 β 射线，后来更名为粒子。它们带有正负相反的电荷，通过电场时，它们会沿不同的方向弯曲。α 粒子后来被确定是氦原子的原子核，由两个质子和两个中子（构成原子核的粒子）组成，不过当时人们并不清楚这一点。而 β 粒子则被证明是高能电子。

经过一系列的初步实验后，卢瑟福团队在 1913 年进行了一项实验：在一个抽去空气的气缸中，来自放射源（氡气）的 α 粒子流被导向一片薄薄的金箔。卢瑟福的助手汉斯·盖格（Hans Geiger）[1] 或欧内斯特·马斯登（Ernest Marsden）作为观察者，必须先坐在昏暗的环境中直到眼睛适应黑暗，然后通过显微镜观察金箔。显微镜的末端固定了一块硫化锌板，所以任何朝那个方向运动的粒子都会引起微小的闪光。观察者会以不同的角度观察，并在观测间隙转动显微镜来检测是否有粒子以及有多少粒子发生了偏转。

1　实验时，他手里有计数器。

这些物理学家们预计，当 α 粒子接近金箔上的金原子时，一些粒子会因为与原子电荷的相互作用而发生轻微偏转——事实确乎如此。但出乎意料的是，一些粒子出现了反向回弹的情况。卢瑟福曾就此说过一句广为流传的话："好比你发射了一枚 15 英寸（约 0.38 米）口径的炮弹，结果它被纸挡回来了。"只有金原子中的正电荷粒子（而非汤姆森设想的离散型矩阵），形成一个体积小密度大的核，构成大部分原子质量[1]时，才会发生这种情况。

卢瑟福的团队采取了预见性措施，寻找到了运动方向全然出乎意料的 α 粒子，这足以说明这个团队的专业。能力较差的实验人员可能根本做不到这一点，从而错过突破性的发现。最后，卢瑟福从生物学中借来了一个术语，称之为原子核。

太阳系模型

卢瑟福团队的发现让人们产生了一个有趣的想法：原子就像微缩版的太阳系，原子核位于原子的中心，充当太阳的角色，而电子则在外围飞行，扮演行星的角色。如果情形果真如此，这样的平衡倒是令人愉悦的——物理学家最喜欢平衡了，但是这个模

---

1 1911 年，卢瑟福在做过一些不那么精密的实验后，预测过原子中带有电荷的核结构。不过直到 1913 年他的理论才有了强有力的证据的支持。

型有一个根本性问题，因此从未被物理学界当真。不过，人们在绘制原子示意图时仍倾向于用这样的结构去表现。

太阳系和原子之间有一点很大的差别。太阳系中的中心质量体恒星和各条轨道上的行星之间的作用力是引力。但在原子中，原子核和电子之间的作用力是电磁力。这两种力都有吸引作用，但作用方式并不相同。简单地说，你没法用电荷使物体保持在轨道上运行。

早在卢瑟福之前，伟大的维多利亚时代的苏格兰物理学家詹姆斯·克拉克·麦克斯韦（James Clerk Maxwell）就已经观察到：只要你加速电荷，它就会以电磁辐射的形式释放能量。这也正是无线电的工作原理。来自发射机的信号使电子在空中上下加速运动，以光子（电磁辐射）的形式损失了电子的部分能量。要想将电子维持在原子核周围的轨道上，那它要一直处于加速中。

事实似乎并非如此，因为轨道上的物体通常以恒定的速度运动。不过加速度其实是存在的，因为它表示速度的变化，不仅包括大小的变化，同时还包括方向的变化。轨道上的物体为了不脱离轨道，运动方向总是在变化。当作用力是引力时，这没问题。但若发生在原子中，这意味着轨道上的电子会在电磁辐射爆发中迅速失去能量，一头扎进原子核。而原子将因此坍缩。

为了解开原子的奥秘，其他物理学家采用了迅速发展的量子理论——这点我们稍后再讨论，因为这个理论对理解石墨烯一些独特的特性至关重要。原子的量子模型由年轻的丹麦科学家尼尔斯·玻尔提出，他曾在曼彻斯特与卢瑟福一起工作了一年，就在这一时期开始着手研究这个问题。不过，现在我们想要弄清楚原子究竟是如何相互作用形成物质结构的，只需要了解原子有一个体积小、质量大且带正电荷的原子核，外围由一个或多个高速运动的电子围绕着，以及一些原子结构与化学元素周期表之间相互关系的知识。

一直以来都有人尝试将不同元素放入一张表格，直到 1869 年俄罗斯化学家迪米特里·门捷列夫（Dimitri Mendeleev）才成功绘制出了元素周期表。元素周期表根据不同元素化学特性的关联性将元素分组排列，越靠近表的下端，原子量越大。随着人们对原子结构的了解越来越多，很明显，电子占据了原子周围的一个或多个"壳层"（Shell）[1]，而每个"壳层"的电子数量是一定的。电子占领了这些"壳层"却未引起原子的坍缩，这一切是如何发生的，目前我们尚不清楚。

---

1 人们用"壳层"这个名称（而不是轨道）来显示电子与太阳系模型的区别。壳层的本质需要量子理论解释，不过目前的观点是每个壳层都有点像轨道。电子只能在这些轨道上运行，或者由于量子跃迁而在轨道之间跳跃。电子在每个壳层中有特定配置——这些不同的配置被混淆地称为轨道。实际上每个可能的轨道都是呈概率分布的，即用数学语言描述在特定位置发现电子的概率，这与行星轨道并不同。

人们发现，元素化学特性的关键取决于最外"壳层"上的电子数和开放空间数。你可能还记得学校化学课上的"化合价"（Valence），它描述的是一种元素有多大可能与其他元素结合形成化合物，其实这就是"壳层"状态的直接反映。因此，无论是相同元素构成的不同物质，还是不同元素构成的化合物，可以说原子结构的这些细节为化学家和物理学家提供了一个解释，来描述它们之间如何相互作用。

"键"立联系

无论是四/五元素说的支持者还是原子说的拥趸，早期的自然哲学家们都已经认识到，必须有某种东西使不同的元素或原子黏在一起，这样它们才能构成我们周遭复杂的事物（更不用说我们自己超级复杂的身体了）。即使是早期学说中由土、气、火和水组成的看起来并不复杂的木头也概莫能外。牛顿时代之前，一直有人推测这些元素之间的联系是物理联系，可能是由于原子的形状（支持原子说的人），或者是某种元素间黏合剂的结果。但是，随着万有引力定律的确立，加之对磁力作用的熟稔，牛顿本人倾向于认为有某种吸引力把各组成部分联系在一起。

受卢瑟福原子模型的启发，并得益于对电子"壳层"认识的深化，美国化学家吉尔伯特·刘易斯（Gilbert Lewis）在 1916 年提出了连接原子的电子对键——共价键（Covalent Bond）的概念。他的理论认为最外"壳层"中的一个或多个电子会在两个原子之间共享，而非独属于某一个原子。由于电子与两个原子核之间的电磁吸引，从而使不同原子联系在了一起。实际上，共享的电子同时属于不同的原子，是不同原子的结构的组成部分。所以这些电子就是牛顿眼中的吸引力之源。

同年，德国物理学家沃尔瑟·科塞尔（Walther Kossel）指出了另一种原子结合情况，即原子最外"壳层"比正常原子多一个或少一个电子时也会结合在一起。因为带有额外电子的离子[1]会带负电荷，而缺少电子的离子则会带正电荷——因此，这两个离子可能会被"离子"键吸引到一起。牛顿关于吸引力的猜测再一次被证实了。

从化学角度来说，无论是构成食用盐的氯化钠的离子键，还是庞大的 DNA 分子中的大量共价键，化合物得以存在都得益于这两种键。而从更根本上来说，是它们将原子连接在一起，使自然界超越单个原子或分子，产生出由数以亿计的原子组成的形形色色的事物。多亏了这些"键"，固态物质才成为可能。当我们稍

1　"ion"（离子）一词来自希腊语"to go"（离开，即"going"）的现在分词，最初用于描述在电解过程中从一个电极到另一个电极的粒子。

后着眼于石墨烯的功能时，这种物质中"键"的性质决定了它的
物质特性。

固体及其结构

每种物质的特性都不尽相同，即使是由同种原子构成的也不
例外，这一点不证自明。原子间形成化学键的方式，以及受化学
键影响形成的化学结构，都决定着这种物质的物理性质——包括
外观，以及它与其他物质的反应特性、熔点、强度等。正如我们
将看到的，石墨中令人印象深刻的碳原子排列结构，使石墨烯具
有了非凡的性能。

广义上讲，人们一般认为，固体物质要么是晶体，要么是非
晶体（无定形体）。如前文所说，结晶物质是指其原子或分子以
规则的重复晶格形式排列在一起。从盐晶到金属，许多固体都是
这样的结构。但还有一些固体的原子或分子排列得杂乱无章，没
有任何重复的结构，这些属于无定形固体，如玻璃和大多数塑料。

不过，尽管一些固体的原子或分子总是以特定的结构排列，
但某些原子或分子排列结构的选择余地更大，碳便是最好的例子。
而分子间化学键的形状对物质的物理特性（如强度、熔点和导电
性等）有至关重要的影响。

晶格形状对物质物理特性产生影响的一个直观例子就是固态

水（即冰）。水分子的形状并不是由三个原子排成的直线，而是一个钝角的 V 形[1]，两个氢原子位于 V 形的顶部，氧原子在底部。这样的形状，加上一个分子中相对带负电荷的氧和另一个分子中相对带正电荷的氢之间的吸引力——这种吸引力被称为氢键——使水分子很容易围成六边形形成晶体（这就是雪花大多数是六边形的本质原因）。

由于化学键之间的特殊形状和角度，六边形晶格在其所有可能形成的结构中并非最紧密的。与其自身形成的固态晶体相比，水分子形成低温液体时分子之间靠得更近。这意味着当水结冰时，它有一种不寻常（不过并非独有）的特性，即固态的密度比液态的密度小。这意味着冰会漂浮在水面上（水结成冰时也会撑破盛放它的容器）[2]。冰的这种简单六边形分子结构绝不是水在固态状态下的唯一结构。它至少能形成 17 种不同的结构，但在冰点和地球大气环境下，六边形更常见。

同样的，碳也能以不同的分子排列结构形成固体，这使得完全相同的元素以不同的形态（同素异形体）出现，外表看来好像是不相干的物质。碳最广为人知的同素异形体是金刚石和石墨。

1　角度约为 105 度。
2　冰能漂浮在水面上这种特性对淡水物种生态的塑造大有助益。如果没有这样的特性，水就会从下往上冻结而非在冰层下留有水，让生物得以存活。

金刚石的原子晶格是相互交错的立方体，因此强度很大。而石墨，正如我们之前提到的，是由原子以六边形结构重复排列构成的薄层，再层层相叠而成的。单独的一层就是石墨烯。碳还可能形成更小的封闭式的分子结构，而它们的化学键则呈五边形和六边形，看起来就像足球上的格子。

这种封闭状的分子被称为富勒烯（Fullerene），或称巴克球（一个不那么正式的名字），两个名字都是在致敬美国建筑师巴克明斯特·富勒（Buckminster Fuller），因为这种分子的结构与他设计的圆形穹顶很相似。最著名的巴克球分子是足球烯（Buckminsterfullerene），由 60 个碳原子构成。另有一种开放形态的管状富勒烯，由与石墨烯相同的碳晶格层环绕而形成管状结构。实际上，这种"碳纳米管"是微小的管状石墨烯（就像把一张纸卷起来制成管子）。从汽车仪表板到自行车车架，聚合物中嵌入的碳通常被称为 "碳纤维"，这具有一定的误导性。这些碳纤维很可能包含一些纳米管，或精确来说只是一些碳链，就像很多石墨烯条。尽管上述大部分是人造的，但自然界中也存在少量的富勒烯。

碳还有另两个重要的同素异形体。 一个是朗斯代尔石（Lonsdaleite），以英国晶体学家凯瑟琳·朗斯代尔（Kathleen Lonsdale）的名字命名，它类似于金刚石，但却跟石墨一样有六

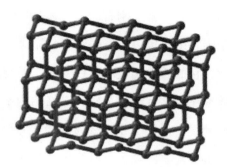

金刚石的晶格形状

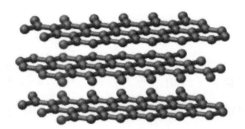

石墨的晶格形状

富勒烯的分子结构

边形的晶格结构，而非寻常金刚石的立方体晶格结构。朗斯代尔
石最早被发现于陨石中，也可将石墨置于高温高压条件下人工制
造而成。理论上，它的质地比金刚石还要硬，但与优质金刚石相
比，它的现有样本往往含有较多杂质或晶格结构不完整，使其没
有达到理论上的硬度。另一个相对普通的同素异形体是无定形碳
（Amorphous Carbon），它缺乏均匀的晶格结构，也就是我们熟
悉的煤炭或煤烟。

关乎健康

我们既然提到了碳纳米管（后文还有石墨烯薄膜），就有必
要提一下它可能给人体造成的健康伤害。碳本身是无毒的，有时
医生还会用它把病人胃里的杂物吸附出来，但微小的碳颗粒悬浮
在空气中，可能会造成类似石棉肺的问题。如果被吸入人体，因
为碳颗粒小到可以钻进肺部，将会影响器官功能并增加患癌症的
风险。

实际上，在碳纳米管和石墨烯薄膜（薄膜面积大，反而不容
易出问题）的应用中，它们要么嵌入到合成材料中（以碳纤维为
例，碳在碳纤维材料中扮演的角色类似于玻璃在玻璃纤维中的角
色），要么附着在设备上（我们将在后面的章节中讨论石墨烯的
各种应用）。因此，在大规模生产碳纳米管产品和石墨烯产品的

过程中确实有潜在风险，我们需要遵守相关健康和安全法规。

从这一点上来说，碳纳米管和石墨烯产品的大小确实至关重要，因为这决定了它们是否能很容易进入肺部。但是对于碳的同素异形体来说，它们的内部结构也同样重要，因为这决定了它们的用途。

形状为王

关于碳的不同晶格结构，有趣的一点是碳原子连接在一起的方式对材料的物理性能（如强度、导电性和导热性）有很大的影响。尽管金刚石和石墨是由完全相同的原子组成的：原子核中都有 6 个质子和 6 个中子，原子核周围都有 6 个电子[1]。但由于晶格结构不同，它们成了根本不同的物质。

最直观的区别就是金刚石是透明的，而石墨不透明。透明的材料使得光可以穿透它。其中一些可能会与原子相互作用：电子可以吸收光中的光子从而实现能级的跃迁，但随后电子将很快重新发射另一个光子，继续它在材料中的旅程。金刚石的结构使得这种过程成为可能。相比之下，石墨的结构是层层排列的，这

---

1 正是这 6 个电子使碳如此多变，并让它成为地球上各色生命的主要构成物质之一。碳的最外"壳层"有 4 个电子和 4 个空位，这给予了它多种可能，使得它不仅能与其他碳原子结合在一起，也可以形成各种生命必需的有机化合物。

使得一层的原子间隙恰好被另一层原子挡住，从而阻挡了光子的通过。除非我们生产的是足够薄、只由寥寥几层原子层组成的石墨薄片。

同样，正如前文提到过石墨的质地很软，因为碳原子层之间只是松散地层层叠加，但金刚石却以其硬度著称。从导电性上来看，这两种同素异形体的表现也截然相反：石墨是一种优良的导电体（我们后面会谈到，石墨烯在导电方面比起石墨来有过之而无不及），而金刚石由于造价昂贵，很少用于这方面，却是目前最好的绝缘体之一。这一次，依然是晶格结构决定了这一切。在石墨的六边形晶格结构中，每个碳原子与另外三个碳原子相连，原子最外"壳层"上的第四个电子则游离浮动，从而能够导电。相比之下，金刚石的每个碳原子与其他四个原子相连，最外"壳层"上没有能够导电的"自由"电子。

通常情况下，优良导电体在导热方面也表现突出，反之亦然，因为携带电荷的"自由"电子也可以传递热能。但金刚石在这方面有点与"众"不同，因为它虽然不能导电却是一种优良的导热体，导热性能是铜的5倍。这是因为热能可以以振动的形式通过原子间的化学键在固体中传导。对于构成物质的原子来说，温度是能量的一种衡量标准。温度越高，原子越活跃。

物质的化学键越稳固，热能经由振动的形式通过该物质时损失的热能就越少。[1] 所以金刚石的原子结构使其成为优良的导热体。事实上，金刚石在这方面的表现非常突出，人造高纯金刚石是所有固体中最著名的导热体。看似无趣的碳竟如此神奇！

进入微观

目前为止，我们讨论的内容都属于经典物理学范畴，19 世纪时就已经为人所熟知，是至今仍然在学校里教授的物理学知识。但要真正明白石墨烯等超薄物质的重要性，我们还需要进入量子世界。像原子和电子这样的微观粒子，它们在量子世界中的活动与我们能看到和触摸到的普通物质大不相同。而正是这些量子尺度的特性使石墨烯和其他超薄物质变得与众不同，成为神奇材料。

1　要理解为什么坚硬的物质通过振动损失的能量较少，我们可以想象分别以一块布和一支笔为介质来传递能量。按压布的一端，振动会因材料的松软而消散。但按压笔的一端，很容易感到另一端传来的振动。

3

量子世界

▶▶▶

神奇的量子

稍后我们将会讨论到的石墨烯的一些非凡特性，多源自它的韧性和强度，这一点我们可以用维多利亚时代的传统物理学来分析它的晶格结构从而得到解释。但想要探索它对电子学未来发展的重要性，我们需要对量子物理略知一二。量子物理是物理学最基本的分支之一，但对大多数人来说却全然陌生。

"量子"这个词被广泛使用，出现在各种令人意想不到的场景中，从名为"量子飞跃"的电视节目到"量子洗碗机"，再到各种提供"量子疗法"的网站。然而，科学家所说的"量子"，指的是一些更为精确的东西。量子是一个物理量存在的最小的不可分割的基本单位，量子物理反映的则是微观世界不连续的分离化性质，而非连续的性质。

以日常生活为例，英国某加油站的汽油价格是每升116.7便士（1便士 ≈ 0.088 4元）。我们可以将这个价格视为一个连续体。如果该加油站愿意，油价也可以是116.682 314 159便士。但付钱的时候，如果我买了汽油的最低起售量5升，将无法实际支付583.5便士，因为英国现金的最小单位是1便士。英国自1984年实行十进制以来，就没有半便士了，自然也没有更小的货币单位。所以，如果我正好买了 5 升汽油，如果加油站够慷慨的话，我可能只用付 583 便士，但更有可能是支付 584 便士，即四舍五入后的整数。

事实证明，那些直到 20 世纪早期还被认为是连续体的自然事物，例如一束光，实际上是可以量子化的，是以最小的不可分割的单位（即 quanta）构成的。在光中，这些基本单位被称为光子（又称光量子）。"quanta"这个名字可以追溯到德国物理学家马克斯·普朗克（Max Planck），是他第一次提出光可以通过这种方式分割。他自己最初也很抗拒这个想法，因为当时每个人都认为光是一种波；晚年时回顾这件事，他说："简单来说，我当时做的一切只是因为走投无路。"

普朗克设想中的光子还只是一个实用的计算工具，爱因斯坦却证明了它们必然存在。这并不是说光的波动理论是完全错误的——光常常表现得像是某种波动，但只有当我们认为它是光子的集合时，才能真正理解它。到此为止，科学家们已经认识到原子（或亚原子粒子）实际上就是物质的量子化。但即使如此，我们的感官也会欺骗我们。看起来，一股水流或一块岩石是连续的事物，但我们知道，实际上它们是由微小的、独立的粒子组成，并由化学键连接在一起的。

这些粒子的存在本身尚在其次，真正震动 20 世纪初物理学界的是，这揭示了所有物体存在的基础都是粒子的集合，而这些粒子的运动方式完全超乎人们的认知。量子尺度下粒子的运动与日常物体全然不同。尽管阿尔伯特·爱因斯坦证实了量子世界的存在，但后来他一直反对量子理论，多次提出思想实验以证明量子理论是错误的。但是他的挑战都以失败而告终。

究竟是什么令爱因斯坦这样的智者都不安呢？他曾写信给他的朋友马克斯·玻恩（Max Born）说："这个理论说了很多，但并没有让我们更接近上帝的秘密。无论如何，我坚信上帝不会掷骰子。""掷骰子"这个比喻反映了量子理论的核心，即它的随机性。我们将看到，对于某些电子学应用至关重要的一点是，没有与其他物体发生相互作用的粒子并非存在于某个地方，而是作为不同位置上的概率集合而存在。这种不确定性也让爱因斯坦在另一封写给玻恩的信中说："如果真是这样，我宁愿做个补鞋匠，甚至是赌场的雇员，也不愿做物理学家。"

三个基本量子概念

在随机性方面，量子理论中最著名的也许就是海森堡不确定性原理，这点从名称上便可看出。有人用这个原理来证明"一切都是不确定的"，其实这个概念的含义并非如此。相反，不确定性原理描述了一系列精确的关系。它告诉我们，微观世界中任何粒子都有一些成对相关的物理量，其中一个量越确定，另一个量不确定的程度就越大。例如，我们对粒子的位置判断得越准确，就越难以精确地知道它的动量。我们永远不可能同时完全了解两者。又比如，如果我们确切地知道了动量，则该粒子实际上可以位于宇宙中的任何地方。同样，粒子的能量越确定[1]，则进行测量的时间范围就越不确定。

另一个更基本的关于量子行为的理论是薛定谔方程（Schrödinger Equation）。它描述了量子系统的状态如何随着时间变化，当然也可用于描述单个粒子的状态。这个理论最初提出时令人十分不解，因为人们以为这个方程描述的是粒子的位置。果真如此的话，这个方程似乎是说，随着时间的流逝，粒子将散布开来，占据越来越多的空间。但事实并非如此（谢天谢地）。马克斯·玻恩——前文中提到的爱因斯坦与其通信诉说对量子理论不满的物理学家——意识到这个方程[2]描述的不是粒子的位置，而是在特定位置找到粒子的可能性。随着时间的流逝，粒子可能出现的位置将会扩散到整个空间。

这极大地冲击了人们当时对粒子（电子和原子）的认知。传

---

1 严格说来这指的不是单一的粒子，而是整个量子系统，包括很多粒子，或者根本不存在任何粒子的空间。
2 确切地说应是方程的平方。

统观点认为，电子和原子就像小球，可以四处移动，但无论怎么移动，在某个时间一定处于一个特定的位置上。而实际上量子微粒从诞生之时起，它潜在的位置就在不断扩张，且出现的概率并不是在所有的位置都相同。如果是一个常规的球，我们能大概预判它的位置并在那里找到它；它也有可能出现在令人意想不到的地方；而在某些情况下，它可能出现的位置完全有悖于我们的经验和常识。在微观量子世界中，当粒子不与任何东西相互作用时，上述所有可能都同时存在。粒子并不像有人描述的那样会同时出现在两个地方，它没有任何确定的位置，只有当粒子在一个可能的位置上与其他物体相互作用时，才会在一个特定的地方安定下来。我们可以精确计算出粒子在任何位置存在的概率，但在它与周围物体发生相互作用之前，我们没法验证哪个可能的位置才是正确的。

这种模糊边界的特性造成了量子理论的第三个奇异之处：量子隧穿效应（Quantum Tunneling）。这种效应经常出现在电子学领域，对石墨烯的应用也至关重要。在传统物理学的世界里，把一个物体投向障碍物，如果这个物体没有足够的能量越过或穿过障碍物，它就不能再继续保持原先的运动状态而最终会停止运动。但粒子在这种情况下大概率处于障碍物周边，且由于可能的位置在不断扩张，它可能（可能性很小）已经在障碍物的另一边了。

在这种情况下，就好像粒子穿过了障碍物，从另一边钻了出去。整个过程没花费一分一秒，粒子已经在另一边。这就是量子隧穿效应。

这就像有人不断地把网球扔向一堵墙，然后发现有时球并没有从墙上弹回来落到地上，而是已经从墙的另一侧飞走了。这虽然听起来很荒谬，但人们已经无数次观测到这种现象。这个效应在电子学领域有广泛应用，当然偶尔也会造成麻烦，令人头痛。其实这个现象在自然界中也很常见。如果没有量子隧穿效应，人类甚至都不可能存在，因为没有它，太阳的活动将完全不同。

太阳之所以能产生能量使生命得以在地球上繁衍生息，得益于一种被称为核聚变的过程：氢原子的原子核结合在一起产生较重的元素氦，并在此过程中释放出能量。在像太阳这样的恒星内部，氢原子核在极高的温度和巨大的压力下被挤压在一起，但这还不足以使它们融合，因为它们带正电荷，原子核之间的电磁斥力会阻止它们进一步靠近发生聚变。但正因为氢原子核是粒子，可以通过量子隧穿效应越过由电磁斥力形成的势垒，太阳才能源源不断地释放能量。

在电子工业领域，量子隧穿效应是电路设计者必须注意的问题。如果芯片上的电路彼此太靠近，电子就会穿过电路之间的屏障，导致系统出现脉冲干扰。不过，从积极的方面来看，目前有人已经证实量子隧穿效应有助于制造特定类型的晶体管，以及解决断电时的信息保存问题。

如今，我们认为数据存储器无须持续通电也能存储数据是理所应当的。这种被称为"闪存"（Flash Memory）的媒介取代了老式的硬盘，广泛用于手机、记忆棒和计算机的固态硬盘。老式计算机在关闭电源时会丢失储存数据的电荷。但"闪存"在断电的情况下仍然保留着这些电荷，这是因为"闪存"的每一个位元都储存在一个很小的绝缘岛中。除非故意让电子通过势垒，否则存储的数据永远不会改变。

说回石墨烯和它神奇的特性，我们需要从量子角度来解读其原子中电子的运动。为此，我们必须从 1912 年说起，因为这一年年初年轻的尼尔斯·玻尔来到了曼彻斯特大学。

玻尔的原子论

当时年仅 26 岁的玻尔获得了嘉士伯[1]基金会（Carlsberg Foundation）的资助，去往英国学习一年。他曾希望与汤姆森（电子的发现者，也是前文中提到的"梅子布丁模型"的提出者）合

1　不错，就是那个啤酒品牌嘉士伯。后来，丹麦皇家科学院让玻尔入住的"荣誉居所"（丹麦语，Aeresbolig），便是嘉士伯公司捐赠的府邸，用来嘉奖作出杰出贡献的丹麦人，府邸内终身提供拉格啤酒。

作。但当玻尔带着一本英文版的《匹克威克外传》（*The Pickwick Papers*）和一本丹麦语－英语双语词典到达剑桥大学后，很快便发现汤姆森对他的研究没什么兴趣。他们第一次见面时，玻尔还抓住机会给汤姆森指出了后者新书中的一些问题，但这也没能帮他扭转局面。

在剑桥大学挣扎了几个月后，玻尔设法转到了曼彻斯特大学。在那里，他发现个性乐天、大嗓门的欧内斯特·卢瑟福是一位更随和、更适合自己的导师。玻尔本人安静内向，不善言辞，但他非常钦慕卢瑟福，以及卢瑟福与团队中年轻物理学家们开放的交流方式。后来玻尔建立了自己的团队，团队模式处处渗透着卢瑟福对他的影响。

玻尔在卢瑟福实验室时最初的研究课题是 α 粒子，当时整个实验室都对这个课题充满热情。那时原子核刚被发现，很快他就对原子核的外围结构产生了更大的兴趣。奇怪的是，卢瑟福本人对这个问题比较冷淡。相较于原子的具体结构，他对粒子散射机制更感兴趣。于是玻尔拾起了查尔斯·高尔顿·达尔文（Charles Galton Darwin，著名的查尔斯·达尔文的孙子）的研究。后者曾指出，从原子周围通过而没有撞击原子核的 α 粒子，由于与原子核周围带负电荷的电子相互作用而减慢了速度。

电子是如何维持在原子核周围却又没有坠入其中的状态的，成为困扰玻尔的问题。正如我们在前文中提到的，它们不可能像卫星绕着行星一样运行。也许他能对电子究竟是如何保持这种稳定状态给出解释。他在写给弟弟哈拉尔德（Harald）[1]的信中说道："对于原子的结构，我好像摸到了点门道。但不足与外人道……这只是我从 α 射线吸收现象中获得的有限信息并据此进行的推测。"

玻尔清楚，事实绝不是电子固定地排列在原子核周围或者以常规的轨道排列。他必须更激进一点。在由马克斯·普朗克提出、经爱因斯坦发展的量子理论（在他反对量子理论之前）的基础上，玻尔提出，电子只能存在于特定的轨道上。他认为，电子不可能像宇宙飞船那样从一个轨道渐进到另一个轨道，它们不可能在轨道之间存在。电子是从一个轨道跳到另一个轨道的，就是所谓的量子跃迁[2]。这样一来，轨道本身也量子化了。

电子可能存在于其上的轨道与电子自身的能量有关。当我们把电子视为波的时候，这一点尤其能说得通。普朗克和爱因斯坦已经证明，通常被认为是波的光，可以看成是粒子的集合，所以通常被认为是粒子的电子，也可以当成波来看待。粒子的

1　哈拉尔德比尼尔斯小 2 岁，是个天才数学家，同时在足球运动上也颇有天赋，曾在 1908 年的奥运会上代表丹麦出征。尼尔斯尽管在足球运动上的表现没有弟弟那么出众，但也是位优秀的守门员。
2　有意思的是，"leap"（跳跃）这个词在英语中通常暗示着巨大的变化，然而在量子世界，量子跃迁却可能是电子最微不足道的改变。

能量与波的频率相关，频率越高（或波长越短），粒子的能量就越大。

　　电子跃迁到上一层级轨道时，它所获得的能量相当于波的频率的提高。如果电子确实像波一样运动，绕着原子核运动的电子，其波的频率与波长必须相匹配——这就意味着特定的波长范围，也就只有特定能量的电子才能存在。如果原子周围的电子以波的形式运动，则轨道必须量子化。

　　最终帮助玻尔解决这个问题的契机是他偶然发现了瑞士物理学家雅各布·巴尔末（Jakob Balmer）的早期研究成果。巴尔末提出了一个预测氢原子谱线波长的公式。根据这个公式，某种单质被加热时，不会发出所有颜色的光，而是产生一组独有的、特定颜色（频率）的光。巴尔末公式与玻尔关于氢原子中的电子如何从一个轨道跳到另一个轨道的观点相呼应。两个轨道之间能量值之差是固定的；电子从一个轨道跃迁到另一个轨道时发出的光的颜色与这个光子产生的能量相对应，也与巴尔末公式预测的谱线波长相吻合。这绝不是巧合。

　　尽管我们一直把这些电子可能占据的能级称为"轨道"，但实际上这个词并不是很恰当，因为电子被限制在数个特定能级中，其情形像是原子核外围有数条轨道，电子就在这些轨道间运动，但这跟行星的卫星绕着一条轨道运动并不一样。玻尔把这些可能的能级称为"定态"，其中最低的能级称为基态。

玻尔的模型只适用于氢元素。直到十年后，完整的量子理论确立，才能对所有元素作出解释。但从本质上讲，波尔的定态就是原子周围可能被电子占据的壳层。在这些壳层中，根据薛定谔方程的预测，电子应该以概率云的形式存在，而不是经典物理学中的轨道形态。因此，"轨道"只是不同可能性的概率分布，这些概率的分布从简单的球形开始，但随着能量层级的提升而迅速发展为复杂的瓣状。

从轨道到带隙

在用于制造电子设备的物质中，不同原子周围的"轨道"可能会随着轨道重叠而相互作用，事实也确实如此。这导致原子的每个"轨道"又衍生出多个可能的轨道。实际上，假设石墨烯的晶格中有 1 000 个原子，碳原子周围的每个"轨道"又有 1 000 个不同的可能轨道[1]。事实上，物质内的原子通常数以万亿计，亿万个轨道密密堆叠，形成连续的带状，因此被称为能带。

原子能够形成不同结构，这意味着能带并非包含所有能级，而是常常存在一对特别重要的能带，它们之间有一个间隙，这就

---

1 只有外层电子，也就是形成化学键的价电子才这样。内层电子轨道重叠有限，因此它们的能带可忽略不计。

是所谓的带隙。如果外层电子在底层能带，即所谓的"价带"（Valence Band）内，它们与原子核联系得更紧密并倾向于形成化学键。如果它们在较高层能带，即"导带"（Conduction Band），则与原子核的联系就会微弱到游离在物质中，从而能够导电。

在绝缘体中，所有外层电子都位于价带之内，并且永远不会有足够的能量穿过带隙到达导带。电子产品中使用的半导体也有带隙，但它小到可以让某些电子通过。而导体的带隙则非常窄或者根本没有带隙，并且通常在导带中具有电子。石墨烯是"零带隙"，即价带和导带对齐排列，既没有间隙也不存在重叠的情况。因此虽然电子都在价带内而导带中没有任何电子，但这足以使石墨烯成为良好的导体。

尽管如此，上述量子理论依然不足以解释石墨烯为何在导电性能上如此优异。为此，我们不能局限于薛定谔方程，还必须谈一谈狄拉克方程（Dirac Equation）。

狄拉克的贡献

保罗·狄拉克（Paul Dirac）出生于布里斯托，他可能是量子理论大师中最鲜为人知的一位。大多数人至少还听说过海森堡或薛定谔，但对狄拉克却一无所知，尽管他对量子物理的贡献不亚于前者。这可能是因为与以爱因斯坦为代表的外向型科学家不同，狄拉克生性腼腆，会说出一些令人尴尬的言辞。广为流传的一件事是狄拉克曾在威斯康星州做演讲，他飞快地念完材料后开始答疑。一位听众对狄拉克说："我看不懂黑板右上角的方程。"但狄拉克只是呆呆地望着前面，不言不语，好像没有听见这个问题似的。一阵令人难堪的沉默后，有人问狄拉克能否解答，他反驳道："那根本不算什么问题，只是感受。"机智的人也许会故意用幽默的口吻来这样说，但狄拉克却是认真的。

尽管像许多科学家一样，狄拉克偶尔也会访问其他科研机构进行交流，也会在每个星期天去乡下散步来保持头脑的清醒，但他最喜欢的地方还是他在剑桥大学的书房，里面的"研究设备"和爱因斯坦的书房一样，只有笔和纸。他对量子物理的早期贡献之一是证明薛定谔方程与海森堡的早期理论是互补的。海森堡提出的量子理论即矩阵力学，纯粹是通过数字数组的推演计算，而没有任何实物模型。有些人喜欢它的数学纯粹性，但还有一些人则觉得它难以理解，因为无法带入任何能想象出来的事物。狄拉克将两者联系在了一起，但这还不是他最大的贡献，他最成功的是进一步升级了薛定谔方程。

令人着迷的薛定谔方程有两种形式：一种较复杂的是薛定谔波动方程，它显示了粒子位置随时间扩散的概率；另一种是定态薛定谔方程，它描述了处于"定态"的粒子的行为，比如原子轨道。这些方程在描述粒子时非常精准，但有其自身的局限性。它们属于"经典"等式，是以牛顿运动定律为前提，而非像爱因斯坦的狭义相对论那样，使用时会引入更复杂的变量。

粒子运动缓慢时，这没什么问题。狭义相对论只有在物体以光速或接近光速行进时才产生重大影响。但是，在某些情况下，粒子的运动速度确实非常快——包括原子中的电子和石墨烯中的电荷载流子（Charge Carrier）。狄拉克认为应该有可能将薛定谔方程与狭义相对论结合起来。

他专注于攻破这个难题，1927年圣诞节前后终于提出了描述电子行为的狄拉克方程。这个方程分为四个部分，不仅引入了狭义相对论，还能在低速时变形成薛定谔方程的形式，而且还处理了粒子行为的另一种形式，即自旋（Spin）[1]，在此之前的数学理论尚不能解释这一现象。

1928年2月，英国皇家学会发表了狄拉克的研究成果。该研究对当时的物理学界是个巨大的冲击。这并非因为他使用的数学方法（虽然这已经非同寻常），而是这个方程如果成立，那么意味着电子既能具有正能量，又能具有负能量——能量取负值，这

---

1 和量子领域其他情况类似，谈及"自旋"，我们不能顾名思义。粒子的这种特性与旋转无关，而是沿着任意选定的轴测量时，只有向上或向下的值。不过因为与大型物体的角动量属性有一些相似之处，所以有了这样一个很容易误导人的名字。

个概念令人困惑。更令人不解的是，这将意味着一个电子不仅可以跃迁到能级最低的正态，即基态，还可以在零能级向下继续无限跃迁。但这显然并没有发生。

狄拉克之海

短期内人们大概率会忽略方程的负能量解。这并非没有先例。詹姆斯·克拉克·麦克斯韦提出了电磁方程组，表明光是电与磁之间的相互作用，但这个描述电磁波的方程组有两个不同的解。一种是自然界中众所周知的电波，它以光速从发射器传播到接收器。但是，还有另一种解，即某种形式的光波在正常波到达时离开接收器，并原路返回，在正常波离开的刹那回到发射器。

麦克斯韦方程组的这两个解都有效——且反向波（Backward Travelling Wave）后来派上了大用场[1]。然而，人们通常只关注正向的波，而对另一个解弃之不顾。毕竟，既然这个解已经完全解释了现实中观察到的情况，那么何必要把事情弄得过于复杂呢？同样的情形也发生在了狄拉克方程上，既然正能量解已经与我们的观测完美契合，许多人便乐于忽略负能量解。不过狄拉克本人

1　理查德·费曼（Richard Feynman）和他的老师约翰·惠勒（John Wheeler）使用假设的时间反转波来解决一个问题，即电子似乎应该受到其自身电场的影响，这又给数学带来了难题。

一定要刨根问底弄个明白。

狄拉克用了一整年时间来潜心研究负能量的问题。最后他没有否定这部分，而是提出了一个可能的适用场景，这意味着负能量可能确实存在，尽管人们常将其略过不记。这个场景需要一些想象力。在狄拉克的设想中，每一个负能级上都充斥着电子，这意味着宇宙中存在一个无限的负能级海洋，每一个可能的位置都被电子占据着。那么，我们所能观察到的"真正的"电子就只能具有正能量，因为所有的负能级都已经被填满了。而根据物理学中的泡利不相容原理，任何两个电子都不可能具有完全相同的性质，包括能级[1]。

这简直像天方夜谭，但它却暗含了一个可以进行验证的预测，人们不能再斩钉截铁地说负能量不存在了。某个或某些负能量电子有时难免会被光子击中，从而跃迁到正能级，就像寻常的电子在不同正能级之间跃迁一样。于是负能量的海洋中就会留下空穴，即曾经负能量电子占据的位置。这种情况发生时，普通的正能量电子可能会坠入这些空穴，从而从正能量世界中消失，同时释放出光子。所以，实验人员可以去寻找这些负能量电子留下

---

[1] 这似乎与我们前文提到的内容相矛盾，即在一个原子的同一"壳层"中可能有多个电子。 不过，尽管这些电子占据相同的能级，但它们一定有其他不同的性质，如自旋所具有的不同的值。狄拉克之海的适用对象是所有可能存在的负能量电子。

的空穴，或者更确切地说是观测它们造成的影响。这样的空穴——实际上可以看成是一个个看不到的、带负电荷负能量的电子——正好与带正电荷正能量的电子相对。因此狄拉克预测会有一种和电子完全一样但是带正电荷的粒子。

如果一个带正电荷的粒子遇到一个"正常"的电子，情形和"正常"电子掉进负能量海洋中的空穴一样，带正电荷的粒子和电子都会消失，同时电磁能量以一对光子的形式释放出来。1931年，美国博士生卡尔·安德森（Carl Anderson）在观测宇宙射线簇射（来自太空的高能粒子撞击地球大气层）时发现了反粒子，这种粒子后来被命名为正电子（或称反电子）。不过在剑桥大学举行关于发现正电子的讲座时，狄拉克正好不在英国，一段时间后才听说这件事，真是天意弄人。

人们后来发现了其他方式来验证狄拉克方程，不必再以负能量之海的假设为前提，但当初的结论却经受住了时间的检验。石墨烯中的带电粒子是超高速粒子，因此只能以狄拉克方程而非薛定谔方程来描述它们。石墨烯因带电粒子高速运动而具有的优异的电学性能，我们将在后文中进一步讨论。

量子理论让我们得以进一步认识石墨烯的内部世界；同样也是量子理论，让我们得以生产出微电子元件，没有它们也就不会有计算机、手机以及各种电子设备，这些产品为发达国家贡献了占比高达 35 个百分点的 GDP。然而，我们还需要具备另一个知识，即量子物理是如何使我们能够制造固态电路的，以及石墨烯等超薄物质是如何应用在这些设备上的。我们需要了解这些设备运用的电子学基础原理，以及如何将这些组合在一起形成逻辑门（Logic Gate）。

电子元件

几乎所有的电子设备都主要依靠两个相对简单的元件：二极管（Diode）和晶体管（Transistor）。当然还有其他一些像电容器和电阻这样的元件，但这两者构成了晶体管设备的大部分功能部件。二极管是一个单向路径，这种电子元件只允许电流朝一个方向流动，无法逆行。制造二极管的方法很多，最简单的是两种不同类型的半导体（通常是硅或锗等材料）像三明治般地夹在基片上。正如前文所说，半导体有带隙，但它可以搭建"桥梁"越过带隙，有时通过次级电流，有时通过另一种能量，例如光。

简单二极管的一侧是"p 型"半导体，通常"掺杂"[1]了其他材料（如硼），从而使它的价带中的间隙比正常半导体多。这些被称为"空穴"的间隙非常像狄拉克之海中的空穴，不过它们是

---

1 有意将杂质引入半导体中。

正能量空穴，可以看成是带正电荷的粒子。

另一侧是"n 型"半导体，也会掺杂其他材料（如磷）。比较而言，n 型半导体的价带中空穴较少，而导带中自由电子更多。二极管连接到电路中后，如果 n 型半导体在电路的负极上，p 型半导体在正极上，电子就会被 p 型半导体中的正极空穴吸引而流过二极管。而如果电路以相反的方式连接，n 型半导体这一侧的多余电子会排斥其他电子，于是电流将无法流动。

最简单的晶体管与二极管相似，只是与夹在两个外部结构之间的中心材料有额外的连接。这种晶体管的结构通常是"n 型 /p 型 /n 型"或"p 型 /n 型 /p 型"。在这样的结构中，只要改变施加在"三明治"中间部分（即基极）的电压，就可以使晶体管成为放大器，或者开关。

晶体管处于放大器模式时，施加在基极上的电压发生细微变化，会导致两个外部结构之间的电压产生更大的变化。而它处于开关模式时，在基极上有电压则可以接通外部结构之间的电流；基极上没有电压，则电流被关闭。

在实践中，现代电路中通常使用另一种不同类型的晶体管，称为场效应晶体管（Field Effect Transistor）。这种晶体管的开关部分被称为栅极（以一层薄薄的绝缘层与其他部分隔开），而不再是一个中间的基极。在这种类型的晶体管中，栅极产生的电场能够控制流过器件的电流。我们将会看到，石墨烯中这种场效应非常明显，适合制造这种放大场效应的晶体管。然而，让石墨烯停止导电太难，因此单凭石墨烯无法制造开关模式的晶体管（尽管我们也将看到，有许多方法可以解决这个问题）。

晶体管具有开关模式之所以重要，是因为其对计算机硬件基本构成单位——逻辑门来说是必不可少的。

跃过逻辑门

物理层面上，计算机芯片通常包含一个复杂的电路，通常在硅晶圆基底上构建。但在逻辑层面上，它是由"门"组成的。这些是电路中代表逻辑运算的部分，通常使用布尔代数（Boolean Algebra）来描述。布尔代数以19世纪的英国数学家乔治·布尔（George Boole）的名字命名，以相对简单的结构组合真假陈述，是逻辑运算的基础。

计算机功能能够实现的关键是对大量二进制0和1的逐位处理，它们代表着数字和指令。（"位"就是一个"二进制数字"。）远在第一台计算机问世之前，布尔代数就已经存在，其初衷是解决涉及"真"和"假"的问题，结果最终证明它在处理0和1时也同样有效。当然无论是两者中哪一个，都是一个只由两个值组成的系统。我们可以认为0为假，1为真。

计算机中不同的逻辑门以不同的方式处理数字，大多是将两个不同的输入项合并产生一个输出项。而最简单的逻辑门仅将单个值转换为相反的值，这是"非"门，它会翻转"位"。如果当前值为 0，则反转为 1；相反，如果当前值为 1，则反转为 0。

再说处理两个输入项的逻辑门，让我们从"与"门和"或"门开始。"与"门在两个输入项（以 A 和 B 称呼它们）的每种可能组合中都产生 0，除非 A 和 B 都是 1。如果我们认为 0 为假，1 为真，那么只有当两个输入项 A 和 B 都为真时，"与"门才会产生真。我们可以对"这是一辆红色的公共汽车。"这句话进行逻辑分析来帮助我们理解：只有当那辆车是红色的，而且是一辆公共汽车时，这种说法才成立。如果它只是红色的而不是一辆公共汽车，或者是一辆公共汽车但不是红色的，或者既不是公共汽车也不是红色的，那么它就不是一辆红色的公共汽车。

相比之下，"或"门没有那么复杂。只要输入项 A 和 B 其中一项为 1，它都将产生 1；如果两个输入项都是 1，也将产生 1。它唯一能产生 0 的情况是 A 和 B 都为 0 时。就像寻找一个或为红色，或为公共汽车的物体，从逻辑上来说，这个物体可以是红色的邮箱，也可以是绿色或红色的公共汽车。但黄色的邮箱不符合任一条件，所以是错误的。

每个"与"门和"或"门都有与其相对的逻辑门，称为"与非"和"或非"。这些门产生的效果可以看成是将"与"门和"或"门的输出项通过"非"门翻转。因此，只有当 A 和 B 都为 1 时，"与"门才产生 1，而除非 A 和 B 都为 1，"与非"门才产生 0。同样地，除非 A 和 B 均为 0，"或"门都产生 1，而只有 A 和 B 都为 0 时，"或非"门才产生 1。

最后，还有一种些微不同的门——"异或"门，代表异或。前文说到，如果 A 为 1，或 B 为 1，或 A 和 B 都为 1，则"或"门产生 1。顾名思义，"异或"门需要排他选择。如果 A 为 1 或 B 为 1，它都产生 1。但不包括 A 和 B 都为 1 的情况，A 和 B 必须不同。因此，当 A 和 B 都为 1 时，它会产生 0。这就像寻找红色的东西或者是公共汽车，而不是红色的公共汽车。（当然它也有自己的否定形式——"异或非"门。如果 A 和 B 都为 0 或 A 和 B 都为 1，则产生 1。也就是输入项具有相同的值时，产生 1。）

从技术上讲，我们真的不需要这么多种门，只需要电子结构来产生一个"或非"门或"与非"门，将这样的门与更多的同类门连接，就可以产生所有其他类型的门。例如，如果想要一个"非"门，可以将两个输入项都连接到一个"或非"门，这意味着 A 和 B 都有相同的值。两个输入项都为 0 时，"或非"门产生 1；而两个输入项都为 1 时，则产生 0。通过连接输入项，"或非"门将被迫充当"非"门。

这些逻辑门既构成计算机内存，又构成执行大量任务的处理器。电路中的晶体管通过不同的排列使得它们构成不同类型的门。例如，一个"非"门可以由两个晶体管组成，而像"与非"门之类更复杂的门则可能需要多达四个晶体管。在生产集成电路之前，首先会制成印刷电路板，其中包含成千上万个这种晶体管组合。而在现代计算机中，整个存储单元或处理器都位于单个芯片上，同时伴有代替了各个组件的各种半导体层、绝缘体层和导体层。

用以石墨烯为代表的超薄物质制作出的电路将更薄更灵活，这一点我们将会在后文中讨论。但要制作这样的电路，我们不仅要考虑如何制作的问题，同时还要考虑新材料不同特性的优缺点，如石墨烯优异的导电性。

超薄电子电路必将带来前所未有、复杂难解的挑战。不过在此之前我们要先把原料——石墨烯生产出来，这可是一直以来人们都不相信能够生产得出来的材料。

因此，我们需要说回安德烈·海姆和康斯坦丁·诺沃瑟洛夫。

4

新的纪元

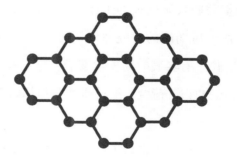

▶▶▶

通往曼彻斯特之路

我们已经在前文讲述过海姆和诺沃瑟洛夫如何一路从荷兰来到了曼彻斯特。海姆之所以做出这样的选择是因为他喜欢英国的学术体系，并且这里给他提供了长期教职。另外，曼彻斯特大学还安顿了他的妻子伊莲娜·格雷戈里耶娃（Irina Grigorieva），这也是促使海姆最终落脚于此的一个原因。虽然格雷戈里耶娃已经在布里斯托大学完成了博士后项目，但内梅亨大学只给她安排了一份实验室兼职教研助理的工作。而曼彻斯特大学的学术委员会则对她博士后期间的研究非常认可，向她伸出了橄榄枝，如今她也是一位小有名气的物理学家了。至于海姆和诺沃瑟洛夫这对师生，他们初识于荷兰，但科研之路却都始于他们的故乡俄罗斯。

安德烈·海姆出生于索契（Sochi），这是个位于黑海沿岸的度假胜地，与格鲁吉亚（Georgia）接壤。现在我们都知道那里是2014年冬季奥运会的举办地。不过在1958年海姆出生的年代，索契还属于苏联，与现在属于俄罗斯大为不同。更不用说与海姆工作过的西欧城市相比了。由于种种原因，海姆小时候由祖父母照料了几年。当时离第二次世界大战结束仅仅十多年，一些国家尚未完全走出战争的阴霾。于是海姆一家人便因为有德国血统而被视为潜在的敌人。

海姆从小便对自然科学充满了热情,曾因完整背下来一本1 000页的词典而赢得区级奥林匹克化学竞赛,他无论是在理论上还是在实践上都没有短板。他在学业上突飞猛进,16岁时的升学成绩也出类拔萃,海姆踌躇满志地希望能够去莫斯科工程物理学院(Moscow Engineering and Physics Institute)继续深造。不幸的是,虽然他的成绩完全符合要求,但还是被拒绝了。直到现在海姆都认为这是因为他们家的特殊情况,不过没有确凿的证据。为了能去自己心仪的学校,海姆跑去他爸爸工作的机械厂做小工,这样便可以赚钱补习数学和物理,增加考试成功的把握。然而这一切只换来了再次的被拒。

幸运的是,知名学府莫斯科物理技术学院(苏联时期一般称为PhysTech)向他伸来了橄榄枝,看来与莫斯科工程物理学院相比,这所学校的招录人员并没有囿于成见。说起来,海姆的第一选择居然不是莫斯科物理技术学院,这很令人意外。第二次世界大战后,一些顶尖的苏联科学家为了摆脱国内盛行的大众教育,为培养技术专精人才建立了这所大学,他们希望选拔上来的学生都能视自身情况接受业内顶尖专家的针对性指导。虽然建立一个完全独立机构的规划最终落空,但他们设法将莫斯科物理技术学院并入莫斯科国立大学，并使它获得了高度自治权。这所学校令海姆获益良多。

　　和多数莫斯科物理技术学院的学生一样，海姆后来到俄罗斯科学院（Russian Academy of Sciences）继续深造，具体来说是该科学院下属的固态物理研究所（Institute of Solid State Physics），并在那里获取了博士学位。此后，海姆先后在诺丁汉、巴斯和哥本哈根工作过，直到 1994 年成为荷兰内梅亨大学的副教授。2001 年，他来到曼彻斯特大学，据他说来此的部分原因是荷兰学术体系内森严的等级和互相倾轧的风气，在他看来，英国大学更具有建设性。

　　如前文所说，在内梅亨大学任教时，海姆恰巧成为康斯坦丁·诺沃瑟洛夫的博士生导师。诺沃瑟洛夫比海姆小 16 岁，出生在俄罗斯东部的下塔吉尔（Nizhny Tagil），一个以铁路和军工占主导的工业城市。诺沃瑟洛夫一开始在学业上并没有海姆那样出类拔萃，不过早早对电和磁显示出了异乎寻常的热情。他 8 岁时曾得到过一辆智能德国火车玩具，这辆火车上的直流电控制器比火车本身更令他感兴趣。有了这个，就相当于有了一个可变电源，多年来他一直用它来试验电磁铁和电解。

　　和海姆一样，诺沃瑟洛夫也曾经在莫斯科物理技术学院求学，这所大学在俄罗斯物理学领域依然举足轻重。之后他便去荷兰加入了海姆的项目。两个人一拍即合，因为他们不仅在背景上相似，在科研理念上也合拍，因此诺沃瑟洛夫与海姆一同前往曼彻斯特是水到渠成的事情，人员已全部就位，最终将促成石墨烯的诞生。（在2004年获得博士学位之前，诺沃瑟洛夫一直在荷兰的大学注册。）

从发现石墨烯到走上诺贝尔奖领奖台

毫无疑问，透明胶带方法提出并被证明可行后，仿佛平地惊雷，很大程度扭转了人们的认知，但这并不意味着海姆和诺沃瑟洛夫凭借着这一点就能从"星期五晚的实验"操作台直接走向诺贝尔奖领奖台。取得最初突破后，他们又进行了相当长一段时间的扎实研究。

自2003年发现透明胶带法后，接下来的一年，按诺沃瑟洛夫的描述是"满是兴奋的一年"。现实中（与电视剧和电影相反）科学研究通常耗费漫长的时间后一无所得。但那一年的节奏却非常快。诺沃瑟洛夫说："在寻常的研究中，新的成果和实验进展可能以日或周为单位出现，而那个时候每个小时都会有新的发现。"

石墨烯展现了前所未有的可能性，所以不断有新的东西需要研究。2004年曼彻斯特大学实验室发表了他们的第一篇论文后，全世界的目光都集中在了这种神奇材料上，海姆和诺沃瑟洛夫获得诺贝尔奖只是一个时间早晚的问题。终于在 2010 年，他们因"关于二维材料石墨烯的开创性实验"获得诺贝尔物理学奖。

将石墨烯称为二维材料似乎有些言过其实。任何物质都必然会有一定的厚度，即使只有零点几纳米那么厚，因为这是三维的世界。不过，尽管在纯粹的数学层面上石墨烯不是二维的，但也没有比它更薄的物质了。它如此之薄，想让它再薄，除非一个原子都没有。因此这意味着它与理论上的二维材料在某些属性上相同，而与它的三维形态——石墨在性质上完全不同。

诺贝尔奖是其所颁奖项的科学领域内公认的最高荣誉，不过历史上有很多伟大的科学家都无缘于这一奖项。诺贝尔物理学奖最多只能同时颁给三位在世的科学家。1901 年，该奖项首次颁发给德国物理学家威廉·伦琴（William Rontgen），以表彰他在发现伦琴射线中做出的杰出贡献。然而诺贝尔奖委员会弄错了一点，将这种射线以发现者的名字命名。"伦琴射线"（Rontgen Ray）并不是最初的名字，因为伦琴最开始称这些神秘的射线为 X 射线，这个名字更受欢迎。重要的物理发现通常以发现者的名字命名，但这条规则不适用于基本物理现象。

考虑到诺贝尔奖 1901 年才开始颁发，因此像伽利略、牛顿或麦克斯韦这样一些伟大的科学家当然不会出现在评选名单上。需要了解的是，诺贝尔奖的评选过程有很多人为因素，这导致了一

些意外。比如瑞典科学家古斯塔夫·戴伦（Gustaf Dalen）获得了
1912 年诺贝尔奖，获奖原因是他发明了一种更好的灯塔专用气体
调节器，但当时灯塔已开始转而使用电力。

奖项的提名过程并不是秘密，但提名名单要在 50 年内保密，
所以我们不知道曼彻斯特大学的这对师生是否在 2010 年之前就获
得过提名，同样也不知道他们获得了多少份提名。遗憾的是，由
于提名是以匿名的方式进行的，我们无法获知这些细节。回顾过
去的提名，我们会有一种感觉，那就是被提名者的成绩得到认可
需要时间的"加成"。

以阿尔伯特·爱因斯坦为例，他在 1922 年获得了 1921 年度
的诺贝尔物理学奖，而获奖原因却是他 1905 年做的研究。他第一
次获得提名是在 1910 年，只有 1 份提名。1912 年他获得两份提
名，1913 年有 3 份。不仅获得的提名数在增长，提名者也越来越
有分量。到了 1920 年，他获得 6 份提名，包括荷兰顶级物理学家
海克·卡末林·昂内斯（Heike Kamerlingh Onnes）。而 1921 年，
他获得了 14 份提名，提名者中不乏像爱丁顿和普朗克这样的大
腕。但这依然没有说服诺贝尔奖委员会，委员会异乎寻常地认定
没有人有资格获得 1921 年的诺贝尔奖。但在 1922 年，爱因斯坦
得到了 17 份提名，这样的压力令诺贝尔奖委员会最终做出让步，
把前一年的诺贝尔奖授予了他。

可能在 2010 年之前的那几年里，诺贝尔奖委员会也面临着类似的压力，最终承认了发现石墨烯的重要性，但这一切在 2060 年提名名单解禁之前我们都不得而知。不过有一点我们清楚，那就是提名表格在 2009 年 9 月前后发送给了全世界近 3 000 名教授，截至 2010 年 2 月之前，一份大约 300 人的提名名单会从这些提交的表格中诞生。在对提名名单进行讨论后，诺贝尔奖委员会在夏季提交了一份报告，列出最终候选人名单，最后在 2010 年 10 月的投票中获得最多票数的人当选为当年的获奖者。

当被问及获得诺贝尔奖的好处时，海姆没有提及奖金或学术荣誉，相反，据他描述，曼彻斯特副校长问这位学术巨星想要什么奖励时，他要了一个更好的停车位。"往返我的停车位要 15 分钟，那天下午这个问题终于解决了！"这就是海姆一贯的风格！

诺贝尔物理学奖很少颁给那些具有直接应用价值的成果，与石墨烯这次最相似的可能就是 1956 年的诺贝尔物理学奖，那次颁给了威廉·肖克利（William Shockley）、约翰·巴丁（John Bardeen）和沃尔特·布拉顿（Walter Brattain），以表彰他们在半导体和"晶体管效应"方面的研究，其实就是晶体管的发明。说回石墨烯，它当然是一项实用创新，除此之外还因其超薄的厚度而具有前所未有的物理特性。它薄到令人难以置信。

底部的空间

在详细探讨石墨烯特性之前，我们有必要插叙一下伟大的美国量子物理学家、诺贝尔物理学奖获得者理查德·费曼发表于 1959 年的一篇演讲。这篇演讲题为《在底部有足够的空间》（*There's plenty of room at the bottom*），副标题是《进入物理学新领域的邀请》（*An invitation to enter a new field of physics*）。我们来看看演讲的开头：

> 我想实验物理学家们必然会羡慕卡末林·昂内斯[1] 这样的人，他发现了低温领域，这仿佛是一个可以不断向下钻研的无限领域，而他堪称该领域的领导者，一时垄断了这个领域的科学探险。又如珀西·布里奇曼（Percy Bridgman）[2]，在设计获得更高压力方面开拓了另一个新领域，他进入这个领域并引领我们前进。更深的真空探索领域的持续发展也是同理。
>
> 但我想描述另一个领域，这个领域还少有人涉足，理论上有大量工作有待完成。这个领域和其他领域不太一样，因为它不会告诉我们很多基本的物理学知识（如"奇怪的粒子是什么？"）。它更像是固体物理学，告诉我们在复杂情况

1　荷兰物理学家卡末林·昂内斯发现了一些超低温下的非凡物理现象，如超导。
2　美国物理学家珀西·布里奇曼并不像卡末林·昂内斯那样广为人知，他对高压的研究促成了很多物理材料的发现，尽管这些材料的实际应用可能不如超低温那么广泛。

下发生的奇怪现象。此外，最重要的一点是，它将有大量的技术应用。

我想谈的这个领域是对小尺寸物体的操控。

费曼谈论的主要是控制小尺寸物体，这意味着我们最终可能会用器械来控制单个原子。这个演讲的开篇完美解释了海姆和诺沃瑟洛夫的"小"突破为什么意义如此重大，因为他们打开了一个全新的领域，尽管他们采取的方法与费曼设想的不同，但二维材料石墨烯的制造实际上就是探索如何控制小尺寸物体。因为石墨烯的终极特性就是它薄得超乎想象。

所谓"超薄"

海姆和诺沃瑟洛夫第一次用透明胶带剥离石墨烯[1]时，它最引人瞩目的特征就是它的厚度，真的太薄了，从侧面看不出来它的存在，而从上面看则是透明的。确切地说，石墨烯是一片只有一个原子厚度的物质，是已知最薄的物质。这种薄薄的物质是以六边形晶格结构形成的一层碳，也就说它的厚度就是碳原子本身的厚度。

---

[1] 一直以来科学家们都不太青睐简单易懂的名字。现在，用胶带获得石墨烯层的方法在学术界被称为"微机械加工技术"。

到底有多厚呢？一片石墨烯从上到下大约为 0.3 纳米，而 1 纳米是十亿分之一米。直观点说，石墨烯的厚度不及最小病毒的六十分之一、普通细菌的三千分之一，普通纸张的三十万分之一，名副其实的"超薄"。虽然石墨烯非常坚固，但这么薄的材料通常需要支撑。它的坚固是指在水平方向上抗拉伸，但它在纵向上因为缺乏支撑而非常松散。迄今为止，石墨烯样品的长度从几微米（千分之一毫米）到近一米不等。

不可或缺的"衬底"

为了解决这种纵向的松散，石墨烯大多放在"衬底"（Substrate）上使用，衬底可以给它提供支撑但不影响其性能。尽管衬底也可以是柔性材料（如塑料聚合物），但多数情况下还是用刚性固体做衬底。实际上，石墨烯这种易扭曲变形的特性使其有一个优点，就是不限于只在可塑衬底上使用。石墨烯自己可以改变形状贴合在物体的表面，尽管这通常会导致其形成折痕和褶皱（只要离开物体，这些折痕和褶皱就会消失）。这种塑型能力得益于范德华力（详情见后文）。

海姆和诺沃瑟洛夫最初探索石墨烯时使用的衬底是氧化的硅晶圆，这是硅片设备生产过程中首先要具备的东西。制造集成电路时，需要将上面布满的晶粒切开。海姆他们使用的晶片没有全部被氧化，因为这样会把硅变成二氧化硅（也就是沙子），只是表面被氧化，从而使石墨烯薄膜能附着其上。

人们在实践中发现，由于硅晶圆表面相对来说不够平整，造成石墨烯的结构发生变形，因此置于硅晶圆上会降低石墨烯的性能。因为完美零带隙的结构遭到破坏后，石墨烯的导电性能将会降低。而在硅晶圆衬底上覆盖一层氮化硼（后文会讨论这种物质），性能会大大提高。衬底表面的状态之所以会产生这样的影响，是因为石墨烯与衬底之间的作用力。

这种力被称为"范德华力"，以荷兰科学家约翰内斯·范德华（Johannes van der Waals）的名字命名，是物体间的吸引力或排斥力，我们通常注意不到。但在原子和分子层面上，这些力的作用非常重要。吸引力是由相邻原子中电荷分布的细微变化引起的，在这种情况下，通过计算确定的电子位置恰好在原子的一侧有更多电荷，而另一侧则少一些。当然，其他量子效应也会造成这一结果。

尽管范德华力对单个分子或原子来说很细微，但它们累积起来会产生强大的效应。许多蜥蜴目中的壁虎科动物都能爬上垂直的墙，甚至爬玻璃也不在话下，因为它们的脚上有大量微小的毛发状结构，每一个都能与所在平面间产生范德华引力。海姆曾有一个项目是制作"壁虎胶带"（Gecko tape），这种胶带的黏性不是来自胶水，而是来自胶带表面与壁虎相似的毛发状结构产生的范德华力。这种胶带的效果令人惊叹，它没有使用任何黏合剂。与这种胶带相比，石墨烯产生的范德华力远不及前者强，但也足以使石墨烯贴合在不均匀的表面。

实践证明，用透明胶带从石墨上剥离石墨烯，再结合石墨烯和衬底之间因范德华力形成的吸力，两者结合非常有效。海姆和诺沃瑟洛夫在"突袭"同事的垃圾筒时发现，胶带通常会黏下来多层石墨烯。随后将这样的胶带压在衬底上，由于范德华力的吸引，衬底上留下的石墨薄片比最初得到的还要薄，因为一些石墨薄片会留在胶带上。必要时可以重复这一过程，不过即使不重复，衬底上也会留下一些单层石墨烯。

想分辨出哪些薄片是二维的似乎不可能，因为即使有好几层石墨烯叠加在一起，看起来仍然是透明的。不过事实证明，在使用硅晶圆做衬底时，单层石墨烯和多层石墨烯之间存在明显的视觉差异。片层数量不同，反射光的颜色便不同，这使分离二维石墨烯薄片成为可能。

我们在前文中展示过（第17页），如果用功能神奇的超显微镜观察石墨烯中的原子和化学键，会发现它们看起来有点像不断重复的六边形图案组成的铁丝网，六边形的每个角上各有一个碳原子。和材料本身一样，这些六边形非常迷你，每一边的长度约为 142 皮米（Picometre）。1 皮米是千分之一纳米，因此六边形的边长为 0.142 纳米，大约是石墨烯厚度的一半。

我们在前文中讨论过石墨烯的"二维"属性，并总结说尽管石墨烯不能界定为纯粹数学意义上的二维材料，但它确实具有一些和理论二维物体相同的特性。我们不妨以一种可视化的方式来想象一下：假如太空中有一片巨大的石墨烯薄膜，我们可以绕着它飞来观察它。它的二维性质意味着我们永远观察不到原子间相交的化学键。也就是说因为你不能在二维空间中打一个结，所以无法有一个结状的结构，让绳子相互勾连。同样，二维石墨烯也不可能形成三维物体才有的结构，这使得二维材料内部粒子相互作用和相互超越受到限制。随着对石墨烯的进一步研究，我们会看到结构上的细微差异可能会引起非凡的性能差异。

"找到了！"

造出石墨烯本身是一个了不起的突破，但从曼彻斯特大学研究团队着手探索它的物理性能那一刻起，这就不再仅仅是一个有趣的发现，一个全新的、潜力无限的应用领域慢慢展现在我们面前。海姆描述过他们研究石墨烯电学性能时的"发现"（eureka）时刻。说起来容易做起来难，在胶带或硅晶圆衬底上得到一片超薄石墨薄膜是一回事；而测试其对电的反应是另一回事，在难度上不可同日而语。

诺沃瑟洛夫和海姆用镊子把最薄的一片薄片转移到原始衬底上，然后涂上少量的银漆，确保电与材料接触。这一系列微操作实在令人难以想象。石墨烯晶体只有一根头发丝那么宽，也就是大约 20 纳米宽，并且这还是几层石墨烯叠加在一起而非单层石墨烯。由于没有更合适的设备，两人只能用牙签和双手涂银漆。他们尝试了很多次才成功，好在结果是圆满的。

实践证明石墨烯不仅具有高导电性，而且它的电阻——电流通过它的难易程度，在靠近电场时也会有所变化。我们已经数次提到过电场的概念，比如在海姆"悬浮的青蛙"实验中。在本话题进一步深入之前，我们需要先弄清楚电场到底是什么，因为它们对小型电子产品来说非常重要。

穿"场"而过

电场这个概念可以追溯到迈克尔·法拉第。在 19 世纪 20 年代，法拉第开始研究电磁学之前，虽然人们也知道带电的物质可以相互吸引，但学术界认为它与引力作用方式相同，都是一种远距离的吸引力。牛顿用来计算万有引力的数学方法也可以用来计算静电引力。然而，法拉第虽然不是数学家，却有着敏锐的直觉。

在考虑电和磁的关系时，法拉第提出了从电荷或磁极延伸出来的磁力线。作为一名优秀的实验人员，法拉第清楚地意识到铁屑会按一系列曲线排列，从磁铁的一个磁极到另一个磁极。法拉第认为，这些线条可用来测量磁铁的磁场力强度。

他的观点认为"场"遍布整个空间，在每个位置都有特定的值。其他物体穿过"场"时，如果物质特性相符就会与磁场相互作用。例如，在磁场中移动导线，导线会不断切断磁场中的磁力线，法拉第认为这会产生电流流过导线。

后来，苏格兰物理学家詹姆斯·克拉克·麦克斯韦以数学方法处理电磁学问题时，距离法拉第首次研究这一问题已经过去了约 40 年。麦克斯韦继承了法拉第的理论并将这种描述性理论转变为一种简洁清晰的数学形式，用以说明电场和磁场的作用方式、它们如何相互作用以及它们之间特定类型的作用如何产生以光速传播的电磁波。麦克斯韦提出这个公式后，人们就不再需要以计算引力的方式来计算静电力和磁力了。麦克斯韦的公式使"场"成为电磁研究的核心，直到今天依然如此。

电场的一个重要方面是它会影响附近物体的电流，这被称为场效应。这是大量电子设备芯片中传输元件的工作基础。它们通常是"MOSFET"器件，即金属氧化物半导体场效应晶体管。晶体管中控制电流的部分，即栅极，用来产生电场。绝缘体将它与晶体管的其余部分隔开，这就阻止了电流从晶体管中流出。但电场会影响晶体管另外两个端子之间的电流，使电流绕过绝缘体到达晶体管。

尽管设备简陋且多为手动操作，但海姆和诺沃瑟洛夫测试的石墨烯晶体在另一个单独的电场作用下，电阻变化了几个百分点。正如海姆所言："这些实验的石墨片层相对较厚，手工制作的装置也非常粗陋，但即使这样也显示出了一定程度的场效应。我简直不敢想如果我们用最薄的薄片和最先进的微机械来实验会发生什么？"

曼彻斯特大学的研究小组数月来一直努力降低样品的厚度，终于能够重复生产出真正的单层石墨烯。他们还扩大了样品的尺寸，从一根头发的宽度到直径大约一毫米，共制造了 50 多份实验样品。他们撰写了关于石墨烯制造及其特性的初步探索的论文，于 2004 年 9 月被权威杂志《科学》（Science）接收，而在此之前这篇论文被《科学》杂志的竞争对手《自然》（Nature）拒绝了，拒绝的原因是编辑们认为这篇论文缺乏足够的原创性。他们后来很可能会后悔不迭。

情理之外

它居然被造了出来，这是石墨烯发展过程中最大的惊喜之一。几十年来，物理学家们坚持认为按照自然规律制造出这么薄的物质是不可能的。[1] 人们曾试图通过蒸发和沉积的方法来制造单层的金属薄膜，结果得到的并不是连续的一层，而是令人失望的碎片。人们的注意力转向碳后，有观点预测对于含有多达 24 000 个原子的薄片，晶格结构将无法保持稳定最终卷曲形成三维的团块。另外，我们已经看到，在室温下热振动（Thermal Vibration）会撕裂石墨烯。实际上，迄今为止合成的最大的二维碳分子（不是像海姆和诺沃瑟洛夫那样从三维物质中提取）仅由 222 个原子组成。除热振动之外，更大的薄膜被认为不稳定还有另一个原因，就是原子间的作用力会导致薄膜卷曲形成管状的晶须。

更糟糕的是，由于常规的晶体形成机制，我们必须要在高温环境中制造石墨烯，这使得热振动的影响更大。然后还有物质与环境的相互作用。这就是二维材料与传统晶体如此不同的原因之一。想象一下，如果把石墨烯放置到整块石墨中，它上下都有其他石墨烯层保护它不与环境发生反应，而一片只有一个原子厚度的材料中，每个原子都直接暴露在周围环境下，空气分子、水分、活性化合物和一般污染物都会从两个方向（而不是一个方向）全

1　与 20 世纪 50 年代末激光器的发明如出一辙。当时大多数专家认为绝不可能用红宝石制成激光器，其实是因为他们没有对错误的数据进行核实。不过西奥多·迈曼（Theodore Maiman）并没有被这些声音淹没，坚持用红宝石继续实验并于 1960 年 5 月制成了第一个激光器。

方位地撞击它，因为每个原子"腹背"皆暴露在外。

　　然而即使面对这么多障碍，也没有任何措施预防石墨烯卷曲或分解的情况下，用胶带剥离石墨烯薄片还是成功了。由于石墨烯是从三维物质中获得的，这种方法似乎恰巧解决了从零开始制造二维薄膜的问题。另外，由于石墨烯层在室温下很容易移除，它们发生卷曲的可能性更小，而一旦放置在衬底上，范德华力往往会使石墨烯保持平整且不受破坏。石墨烯会与空气发生微弱反应，但这不足以破坏石墨烯卓越的性能。

"胶带"的升级

　　尽管人们还是会用一开始的透明胶带剥离方法来制得纯净的单层石墨烯，但对于大规模的需求来说，这个方法并不理想。很难想象如果大规模生产以石墨烯为基础的设备，必须通过反复地将含有石墨烯的胶带按压到衬底上来获得石墨烯原料。[1] 目前正在使用的一些替代生产方法，虽然与胶带剥离的样品相比不那么完美，却可以生产出规格更大的连续石墨烯薄片，而且理论上可以生产出任何所需的尺寸。

1　想象一下整个工厂里的机器人一排接着一排，每个机器人都在石墨上黏胶带，然后再把胶带按压到氧化硅晶圆上，这个画面居然很有些吸引力。

也许最简单方法是将较小的石墨烯薄片有效地接合在一起，这虽然仍是手工制作，但却可以制作出更大的样本。先将通过传统方法生产的许多薄片进行氧化，这使得它们可以悬浮在水中。然后让水通过过滤膜，过滤膜上的孔刚好让水通过但却会留下一些石墨烯薄片。获得的薄片越来越多逐渐形成石墨烯层，然后移到常用的硅或其他衬底上获得支撑。

除了技术含量相对较低外，这种方法的一个优点就是生产的石墨烯质量相对较高，因为它仍然是从石墨中剥离出来的。然而，用这种方法很难得到均匀的单层，氧化石墨烯需要经过处理才能还原成石墨烯，这一过程本身就会给石墨烯带来不规则的变化。且在此过程中仍有最初的胶带步骤，因此，可以在实验室中用这种方法以较低的成本制造出较大尺寸的样品，但这也不太可能成为一种大规模生产方法。

另一种方法是生产外延石墨烯[1]，通过将碳化硅加热到1 500 ℃左右来生产，这种材料有个更有气势的名字——"金刚砂"，已经诞生了100多年，最初用作磨料和切割砂轮片，但现在更多出现在高科技应用中，如高性能汽车上的陶瓷制动器、

---

1 指通过外延生长的材料，在基板上生成，基板会决定晶体的外形，因为基板的结构可以看作晶体结构的模板。

LED 的制造和钢铁生产中。由于市场巨大，相对来说高质量的碳化硅成本较低。当表面达到一定高温时，表面的硅原子会升华而剩下一个单原子碳层，可以将其剥离成石墨烯。

然而，更可控的方法是在超高真空中加热碳丝，这种方法可以生产更大尺寸的均匀石墨烯片。就像老式白炽灯加热灯丝，会在灯泡的玻璃内部留下灯丝材料的沉积物。发光的碳丝将碳原子喷入真空然后落在金属基底上并形成一层石墨烯。这种方法可以产生尺寸大、质量高的石墨烯薄膜，但它需要房间般大小且造价高昂的设备模拟足够大的超高真空空间来容纳石墨烯片。

碳丝加热法的一种变体是化学气相沉积法，在低压下将铜加热到约 1 000 ℃，然后让甲烷和氢的混合物通过热铜的表面，这种方法不像碳丝加热法那样需要高度真空的条件。在氢的催化下，甲烷和铜发生反应，在其表面留下一层碳。如果碳层能迅速冷却，碳会结晶形成石墨烯薄片。

由于常压化学气相沉积法不需要极端的真空条件，这个方法与碳丝加热法比起来更经济，但石墨烯的质量往往相差很多，因为碳膜会吸取通过的气体中的杂质。不过，目前看来人们有可能用这种方法制造出更大尺寸的石墨烯，并降低杂质的含量，使其制作出的石墨烯在质量上接近用胶带法制成的石墨烯薄片。这种方法另一个需要解决的问题是如何获得光滑平整的薄片，因为石墨烯在冷却过程中会起皱。这是因为温度下降时，铜和碳的收缩速度不同。改进这种方法仍面临很多问题，但它为石墨烯的大规模生产带来了希望。

虽然目前还没有一种方法是完美的，但现在有几种方法可以使石墨烯片足够大，从而能够生产太阳能电池或复杂的电子设备，成本也大大低于同类的硅产品。大规模生产的石墨烯质量仍然相对较低，但与硅晶圆行业在生产高质量硅晶圆时所面临的困难相比——他们花了几十年的时间来完善，情况要好得多。因为更广泛的应用和有硅晶圆的制造经验作为借鉴，石墨烯的质量改进很可能会更快实现。

石墨烯的应用前景一片大好，许多应用都围绕其卓越的电子性能。

"势"不可当的电子

如前所述，石墨烯最显著的能力之一就是极强的导电性，而这要归功于其晶格结构所具有的特殊效应。为了深入理解这一点，我们需要对物理学中的能带理论进行探讨。这个理论的核心是物质的能带结构效应机制。如前文所说，固体是否能导电取决于电子是否能够从物质的原子中释放出来传导电流。能带结构决定了一种物质中的电子能在多大程度上自由活动。

　　原子聚在一起形成某种结构，如石墨烯中碳原子形成六边形网格状结构，这时原子间的距离近得足以使它们的轨道重叠并相互作用。我们在前文中讨论过，石墨烯独特的晶格结构使它的能带结构不同寻常：导带和价带恰好对齐。这令电子能够与晶格中的振动相互作用，从而产生携带电荷的"准粒子"，而这些"准粒子"实际上是没有质量的。通常，电子负载电荷后在导体中的移动速度非常缓慢。（之所以电从导线的一端传到另一端没有花费很长时间是因为电磁波以光速沿导线向下传播，会令接触到的电子都处于运动状态。）

　　寻常导体中的电子移动速度之所以这么缓慢是因为它们与原子中的电荷频繁地相互作用。但在石墨烯中，电荷载流子的速度可以达到大约每秒100万米，堪称光速（确切地说，光在真空中的传播速度大约是这个速度的300倍）。这听起来似乎很不可思议，但电子进入石墨烯晶格后，情况就好像电荷是由无质量的准粒子[1]带着它高速通过的。

　　通常情况下，晶格中的原子就像一层层障碍阻挡电子前进，降低它们的速度，而准粒子却轻松穿过这些阻碍，仿佛它们根本

---

[1]　无质量的准粒子被称为无质量狄拉克费米子，曾在搞笑美剧《生活大爆炸》（*The Big Bang Theory*）"爱因斯坦近似"一集中被提及，主角谢尔顿对它们的活动表现得十分不解。

不存在，这是因为我们在第 3 章中讲过的量子隧穿效应。这就像两个人跳跃前进，但一个在混凝土地面上跳跃而另一个在蹦床上跳跃，体操运动员的肌肉加上蹦床弹簧结构的加成，令跳得更远更快成为可能。同样地，电子与石墨烯二维结构之间相互作用，产生了原本不可能出现的高速电荷载流子。

由于电荷载流子移动得如此快，物理学家们不得不改变用来描述它们行为的方程。我们提到过，任何物体达到和这些粒子一样快的运动速度时，都必须引入狭义相对论，这也是为什么我们在前一章中介绍了狄拉克方程，它对石墨烯的影响是决定性的。正是这些相对论性质的电荷载流子使得石墨烯成为比铜、银和金更好的导体。

不过石墨烯带来的惊喜并未就此结束。最近人们发现惊喜还在后面。电子在石墨烯中的运动方式与它们在金属中的截然不同。电子之间相互作用常常发生，但通常的结果是相互碰撞后随机四散开来，输送电流的能力随之降低。但在石墨烯中，电子会形成一种黏稠的电子流体（Electron Fluid），其黏度（抗流动）是室温下蜂蜜的 100 倍。这是人们首次观察到这一引人注目的特性，这意味着在石墨烯内部，电子就像河里的水形成漩涡一样形成涡流，有时甚至能观察到它们向电流的反方向移动。

电子这种有规律的反向移动的反常行为过去从未被观察到

过。电流体动力学（Electrohydrodynamics）除了本身就很吸引人外，对于那些希望进一步理解固体中导电机制的理论物理学家们，它还提供了一条新的探索途径。不过，它也有一个令人意外的副作用，那就是石墨烯的导电性能进一步得到提高。

这是违反直觉的，因为按常理，电子逆着电流的方向移动应该会降低材料的导电能力。然而现在的情况是，电子形成缓慢移动的涡流，停留在材料的两个边缘。这就像提供了一对有斥力的屏障，预防较快移动的电子／电荷载流子与其他电子发生碰撞后停止移动，从而使石墨烯中可携带的电流量超过了理论上的极限。

这一特性公之于众已经是 2017 年底了，距离石墨烯的发现已过去数年，但它仍让人惊叹不已。正如理查德·费曼所希望的那样，开辟微观世界不仅使新的科学发现成为可能，同时也为我们打开了许多新的科研领域。

量子霍尔效应

石墨烯中的电子还有另一个特性，为了深入了解，我们需要引入更多的量子物理知识。这个效应有一个令人印象深刻的名字"量子霍尔效应"（Quantum Hall Effect），与之相关的还有"量子反常霍尔效应"（Quantum Anomalous Hall Effect），不过后者不是由石墨烯而是由其他超薄材料表现出来的。在这里稍微提一下名字的来源，霍尔效应的提出早于量子物理学的创立，是1879年由美国物理学家埃德温·霍尔（Edwin Hall）发现的。

如果让电流通过导体，并在导体的一侧加上磁场，通过导体的电流将不是一条直线，而会因为磁场的作用形成曲线。这意味着导体一侧的负电荷比另一侧多，反过来说明相对负电荷一侧和相对正电荷一侧之间形成了一个电场。

现在我们来说量子霍尔效应，顾名思义，它引入了量子行为。在温度非常低（绝对零度，−273.15 ℃左右）且磁场很强时，二维导体或半导体中会出现霍尔效应。在这样的条件下，与电子流成直角的电阻就会量子化，只能取具体的值。确切地说，数值受到两个自然常数的限制，一个是普朗克常数 h，它给出了光子能量及其波长与电子电荷 e 之间的关系。另一个是标记为 v 的变量，该变量可以为某一范围内的整数或小数值，使对象的电阻为 h/ve^2。这些严格规定的电阻值非常精确，对于需要精确电阻值进行电测量的设备来说，量子霍尔效应非常有用，因此它在各种探测器中应用广泛。更有趣的是，材料在电流方向上的阻力消失了，电子沿着材料的边缘流动而不会因阻力受到损失。这意味着，从理论上讲，普通导线导电时的热能损失是零。

尽管传统的量子霍尔效应很有趣，但是它几乎没有实用价值，因为对于日常应用而言，将导线置于超低温（绝对零度左右）的强大磁场中是不现实的。对实验室来说这些都没问题，但无法在商用设备或布线中使用。可是石墨烯的导电性很奇特，它在室温条件下就可以产生量子霍尔效应，当然仍然需要强磁场。

最后我们发现一种异常的量子霍尔效应，一种见于其他超薄材料而不是石墨烯中的量子霍尔效应。有一种名为磁性拓扑绝缘体（Magnetic Topological Insulator）的特殊类型的超薄物质，在内部它是绝缘体，在表面却能导电。需要注意的是，量子霍尔效应会影响较薄材料的边缘，于是超薄物质成了利用量子霍尔效应的理想材料。它们配合无间，产生了所谓的量子反常霍尔效应——没有磁场的情况下发生的量子效应。

在用铋、锑和碲并掺杂少量铬制成超薄薄膜后，美国斯坦福大学、麻省理工学院以及中国清华大学的实验人员对其进行了测试，在材料上产生了接近完美的量子反常霍尔效应，纵向电阻低至约 1 欧姆。目前这个实验仅能在超低温环境下进行，但是，用石墨烯和这些特殊化合物进行的实验都打破了量子霍尔效应的条件限制。未来完全可能有某种超薄材料在无磁场的室温条件下触发量子霍尔效应。

超强物质

石墨烯另一引人注目的优点是它比钢的强度高得多。事实上，它是目前测试过的强度最高的物质。这里需要澄清一点：薄得透明的石墨烯薄片的强度当然无法与一厘米厚的钢板相比。你不可能用一张二维的石墨烯薄片支撑起一头大象。问题是，这个语境中的"强度"的含义并没有那么严谨。

石墨烯是迄今为止测试过的最强材料，这里指的是抗拉强度，即材料抵抗纵向拉伸的能力[1]。标准的抗拉强度测量（石墨烯的抗拉强度远远高于任何材料）需要将相同截面的材料进行对比。这意味着，为了公平起见，我们需要将石墨烯薄膜与某种材料结合，以期达到所需的厚度。

抗拉强度单位是帕斯卡（即 1 牛顿/平方米），帕斯卡通常是压强单位。（因为数字通常比较大，所以更常用兆帕来计算，一兆帕等于一百万帕。）通过下面的例子可以更直观地感受这个单位：寻常汽车的轮胎压强大约是 0.2 兆帕。下面的表格显示了石墨烯如何在与其他材料的对比中脱颖而出。

1　虽然强度不仅仅指抗拉强度，但抗拉强度通常反映了承受其他应力的能力。举例来说，防弹背心承受冲击的能力取决于背心材料，它是否在子弹打来的时候很容易被拉伸，因为子弹会将背心内的材料拉伸开来直到最终穿透它。

物质	抗拉强度（兆帕）	物质	抗拉强度（兆帕）
石墨烯	130 000	强力钢	2 500
氮化硼纳米管	33 000	黄铜	500
硅（单晶）	7 000	人类头发	225
帽贝[1]	5 000	松	40
芳纶	4 000	铁	3
金刚石	2 800		

　　石墨烯的各种管状变体（碳纳米管）也具有极高的抗拉强度，即便是放入合成材料中这一点也不会改变。实际上这是构成石墨烯的替代方法。

　　石墨烯的强度之所以这么高，原因主要在于它的化学键。回想一下石墨烯的晶格结构，它有大量的碳－碳共价键以相同的方向排列。一平方米的石墨烯，质量仅为 0.77 毫克，却含有约 10^{20} 个原子，而每个原子上都有 3 个共价键。

　　碳原子间的共价键属于强连接，可以说电子以一种理想的方式结合在一起，最大限度地抵抗拉力，比如金刚石晶格结构中的共价键使它获得了无与伦比的硬度。一片完好的石墨烯其晶格结构基本没什么缺陷。一旦键的整齐重复模式被打破，材料就可能开始分裂，不过与钢铁等金属相比，高质量的石墨烯在这方面的

1　这并不是什么奇怪的材料，而是帽贝黏在一个表面上时，把它拉下来所需要的拉力。

缺陷要少得多。

　　如此非凡的抗拉强度使石墨烯成为未来强化合成材料的理想选择，也就是将石墨烯嵌入到另一种材料如塑料聚合物中，来增加其强度。与碳纤维或碳纳米管一样，石墨烯本身无法黏着在合成材料上，但可以通过化学处理（例如将其转化为氟石墨烯）解决这一问题。石墨烯不仅在强度上优于碳纤维，而且由于是单层原子，无法在二维薄片上形成直角分裂，这增加了它的有效强度，使它能够更好地阻止裂纹扩展。

　　另外正如我们之前提到的，石墨烯的导电性非常强，只需要在塑料中加入少量石墨烯（约占整个材料的1%），就足以使塑料导电，从而使他拥有更广泛的应用。那种直径只有百万分之一米的廉价石墨烯就足以实现这个功能。同样地，还可用粉末状石墨烯来替代电池中的石墨或碳纤维，从而大大提高电池的效率。

敏感的表面

　　石墨烯另一种出人意料的潜在用途是作为超灵敏气体检测器，可以检测到气体中的单个原子。这样的检测器有一个裸露在外的石墨烯表面，气体分子会有效地吸附在上面。因为石墨烯是一种极好的导体，并且是通过晶格与导带中电子间的相互作用来导电，所以哪怕只有一个原子黏附于其上都会令其导电性产生微小的变化，气体检测正是通过分析这种变化来实现的。

　　具体操作过程是将石墨烯检测器插入玻璃管中，向玻璃管内注入氦气或氮气以及一系列的污染物。在最初的试验中，像二氧化氮和一氧化碳这样常见的空气污染物，即使百万分之一的浓度也很容易从电流变化中被检测出来，而二氧化氮几乎是一添加就能被检测出来。测试结束时已经能检测出单个气体分子的影响，从而使检测被污染空气中的微量成分成为可能。

　　上述的各种应用仅仅是开始。石墨烯和其他二维材料的潜力将不断被开发出来。

5

其他超薄物质

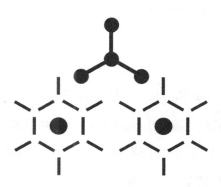

▶▶▶

多姿多彩的二维世界

海姆和诺沃瑟洛夫的努力让石墨烯突然出现在人们的视野中，不过，一旦证明了稳定的二维材料完全有可能制造出来之后，石墨烯就不再是一枝独秀了。能够形成二维薄片的原子并不是只有碳原子，尤其是把化合物也加入研究的情况下。从氮化硼到二硫化钼，再到听起来神秘莫测的硫族化合物（Dichalcogenides），超薄材料不断涌现，势不可当。

白色石墨烯

氮化硼（Boron Nitride）可能是石墨烯最著名的竞争对手[1]，我们在前文比较过，在抗拉强度上它是为数不多接近石墨烯的物质之一。二维形态的氮化硼有时被称为"白色石墨烯"，尽管化学结构和性质与碳基化合物完全不同，但它依然成为超薄世界另一个耀眼的存在。氮化硼是由硼原子和氮原子组成的一种简单无机化合物。这种结合体和碳一样，可以形成多种化学键。因此氮

1　更准确地说，与其把氮化硼比喻成竞争对手，不如说是合作伙伴，因为它经常与石墨烯一起使用。

化硼也有一组同素异形体，在结构上类似于金刚石和富勒烯。最重要的是，氮化硼和石墨烯一样可以形成单层六边形晶格，层层叠加后的块状物与石墨类似。

　　与石墨烯一样，在氮化硼的二维片状结构中，原子以六边形晶格结构排列，但每个六边形周围的原子是硼或氮，这是与石墨烯显著不同的地方。原子通过一个双键和两个单键与周围的 3 个原子相连。也就是说每个原子有 4 个键，没有可以自由移动的电子，这意味着六边形的氮化硼结构存在很宽的带隙，使它成为优秀的绝缘体。

氮化硼的六边形晶格结构

　　氮化硼这种相似的六边形物理结构和电子可利用性上的差异意味着它与石墨在某些特性上相似，但在另一些方面却截然不同。例如，像石墨一样，它也是一种很好的润滑剂。由于它几乎不与其他化学物质发生反应，因此可以添加到化妆品中做润滑剂，这令人意想不到。除此之外，它还有一些更常规的应用，例如加入陶瓷中可以提高其耐高温的能力，或加入自润滑轴承中提升其润滑度。它甚至还能和石墨一起制成铅笔芯，因为虽然它不能单独制成优质的书写材料，但却可以使再生石墨更加稳定。但是，与石墨一样，这里特别令人感兴趣的是氮化硼层与层之间化合键的薄弱。它也可以剥离出单层原子——和石墨烯相似的六边形晶格氮化硼。

氮化硼纳米片的一个潜在用途是降低水污染。由氮化硼层组成的薄片可以吸收相当于其自身质量33倍的污染物，如石油和有机溶剂等。并且氮化硼排斥水分子，所以实践证明从水中清除这些污染物时它的作用非常显著。这些薄片饱和后还可以通过加热清理，达到一定温度后污染物就会被烧掉。这种防水性还意味着它可用于自洁电子显示屏，即使空气潮湿也不会有雾气凝结。

与其他二维化合物类似，氮化硼片最具前景的应用领域之一是电子工业领域。将多层绝缘氮化硼与多层超导石墨烯相结合，是制造各种电子设备的灵丹妙药。由于是在原子尺度上操作，不同层之间的量子效应可能会非常强。例如，单一的氮化硼薄膜就可以实现量子隧穿效应，而利用这种效应可以制造微型元件。在一对石墨烯片之间加入若干氮化硼片，就有可能构建小型高容量存储设备，我们将在下一章中探讨这一点。

我们对这种多层效应的探索目前虽然尚处于早期阶段，但对于那些致力于生产越来越小的电子元件的人来说，这已经足够令人兴奋和期待了。

无所不能的莫利

莫利（Moly），即二硫化钼，可能是工程师们最熟悉的化合物，这是一种用作润滑脂的添加剂，可以减少设备的磨损。这种自然生成的化合物没有石墨烯的六边形晶格结构那么薄，因为它是三个而非一个原子形成的薄层，中心层的钼原子连接在两侧的硫原子上。即便如此它也仍然很薄，是现实意义上的二维材料。

超薄形态的二硫化钼2011年才被人类发现，与石墨烯一样，它也是通过胶带剥离技术生产的，不过现在已经可以用硅晶片培植的化学方式生产。像石墨烯中的薄碳层一样，二硫化钼层与层之间很容易移动，这赋予了它润滑性能。

与石墨烯和氮化硼一样，二硫化钼也可应用在电子工业领域，不过作为一种半导体，它介于石墨烯惊人的导电性能和氮化硼的绝缘能力之间，从而完善了超薄材料在电子工业领域的应用。二硫化钼的带隙极有应用潜力，因为其导带和价带之间的能量变化正好与光子的能量相匹配，所以当电子吸收光子从价带跃迁到导带时它有作为光探测器的潜力，而当电子释放光子跃迁到价带时，又具有作为光源的潜力。

不过，作为硅的替代品，它或许在开发更广泛的固态电子器件方面潜力最大。传统硅基（Silicon-based）电子器件的生产正越来越趋近微型化的物理极限，2016 年 10 月，目前已知最小的晶体管问世了，由二硫化钼和碳纳米管制成。这种晶体管的栅极有效部分只有 1 纳米宽，而最小的商用硅片晶体管的栅极宽度是 20 纳米，二者对比鲜明。

2016 年 12 月，斯坦福大学的研究人员已经从单一晶体管转向研究利用二硫化钼薄片制造比硅材料更小的实用电子电路。这种材料的研究还处于探索阶段，但它正迅速从实验室走向大众市场。

与其他二维薄膜一样，透明二硫化钼片的物理特性使其制成的晶体管非常薄，可以内置在任何玻璃片中，这将能使窗户、汽车挡风玻璃或眼镜变成信息显示器。而且由于它是柔性材料，这使二硫化钼电路能够安装在电子纸屏幕、随处可见的太阳能电池板和衣服等物品中。二硫化钼的结构不仅限于简单的片状，和碳一样，二硫化钼也可以形成富勒烯结构，包括纳米管，实验已经证明这些可充当高性能锂离子电池中的电极。

与此同时，就像一些其他二维材料一样，有证据证明二硫化钼的结构也能够起到过滤作用，可用于从海水中生产饮用水。一段时间以来，人们一直在用石墨烯作为透性薄膜进行实验，通过一种被称为"反渗透"的机制，让水通过但阻止盐离子的流动。2015 年，有人将多种超薄物质通过计算机建模后发现，二硫化钼在这一性能上脱颖而出，过滤量比石墨烯过滤器的多了一半。这似乎是由于允许水通过的孔隙往往被钼包围，会将水拉向孔隙，而相邻的硫原子会将水推开，更利于水通过孔隙向外移动。

石墨烯、氮化硼和二硫化钼这三种早期超薄材料革命的先锋，很可能成为第一代超薄材料应用的支柱，但它们的竞争者还在不断涌现。

从硅烯到硫族化合物

浏览那些关于超薄材料的论文，你会发现有些名字经常出现，如硅烯。硅元素可能是最接近碳元素的存在，一些科学家甚至提出，在宇宙的某个地方可能存在硅基生命，与我们所熟悉的碳基生命互为补充。因此，硅能形成类似石墨烯的结构似乎再正常不过，从硅烯这个名称可以看出事实也确乎如此。

与石墨烯不同，硅烯不是自然生成的。这种物质 2010 年才被发现，人们是通过在银基板上沉积硅而少量生产出来的。在结构上，它与石墨烯有很大的不同，尽管还是我们熟悉的六边形晶格，但它是弯曲的而不像碳那样是平面的，这使得它作为润滑剂的性能大大降低，但对电子应用的好处却是实实在在的。

它皱缩的表面形成了一个可以轻易被外部电场改变的带隙，而其原子结构则使它更容易与掺杂剂发生反应。这意味着，在集成电路中，硅烯可能比石墨烯更适合制作场效应晶体管。因此，石墨烯并不一定会终结硅基芯片的存在。但一个基本的、尚未完全弄清的问题是什么材料最适合做硅烯衬底。迄今为止，与其他核心超薄材料相比，硅烯的衬底材料都过于昂贵。

其他超薄材料以听起来很神秘的硫族化合物为代表。实际上，它们并不像人们想象的那么奇特。硫族元素是元素周期表第16组元素的别称，包括氧、硫、硒、碲和钋。硫族化合物是这些元素中的一种与其他某种元素（通常是金属）形成的化合物（依照惯例，合成硫族化合物的元素中排除了氧元素）。

利用潜能最大的是过渡金属硫族化合物，其中的另一元素来自元素周期表的特定区域，如钼或钨。上一节中所述的二硫化钼实际上就是过渡金属硫族化合物，该类别中的许多其他化合物也显示出极高的电子学价值，其尺寸合适的带隙可释放光子作为光源或吸收光子作为光探测器，这类物质包括二硫化钨、二硒化钼和二碲化钼。 同样可将其应用于场效应晶体管，进一步拓宽了用于生产小巧灵活的电子产品的超薄材料范围。

这个家族中的某些材料（如二碲化钨），具有独特的特性使它们适于制造实验性"自旋电子"器件。一般的电子学只研究电子的一种特性，即电荷。然而，电子也有其他的特性，如自旋，这是一种量子特性，无论在任何方向测量，它的值只有上升和下降两种。虽然现在还处于早期阶段，但人们已经在自旋电子学研究方面进行了大量的投入，因为它可以将更多的信息压缩到一个比特（BIT）中，从而避免实现量子计算[1]要面对的复杂性。

作为半导体，过渡金属硫族化合物和石墨烯可以互为补充，不过最终超薄材料的选项还是回到了石墨烯本身，只是又加入了其他的元素。

石墨烯衍生物

实际上，可以将一层石墨烯看成是一个单一的、巨大的碳分子，像其他分子一样，它也可以通过化学反应产生新的二维材料。迄今为止，石墨烯已经通过与氢原子反应生成石墨烷（Graphane），由氢原子连接石墨烯的每个六边形晶格中碳原子而成；还可以与氟原子反应生成氟化石墨烯（Fluorographene），即氟原子连接到石墨烯片层的碳原子上。这两种化合物都很稳定，其中氟化石墨烯更稳定，人们对这种物质的探索也更深入一些。

---

1 在量子计算中，计算机以量子位而非比特来进行计算，量子位是量子信息基本单元，它是组合态。引入量子位后计算机的能力将呈指数级增长，但到目前为止，要制造出稳定的、大规模的量子计算机还很困难。

氟化石墨烯保留了石墨烯六边形晶格，但每个碳上都有一个氟原子。目前为止，制造这种材料的最佳方法似乎是将石墨烯层暴露在 XeF_2 气体中，后者是稀有气体氙的一种化合物。目前为止，氟化石墨烯的产量依然极少，但有证据表明它是一种极好的绝缘体，因此可以与高导电性的传统石墨烯一起制成多层结构。化合物的绝缘能力大小取决于带隙的大小，石墨烯没有带隙，而氟化石墨烯的带隙却非常宽。据称，其他石墨烯衍生物介于两者之间，使它们更像半导体。这样一来将会有更多物质可用于制作超薄电子产品。

氟化石墨烯还能耐 200 ℃ 左右的高温，并且很难与其他物质发生化学反应。除了充当二维绝缘体外，氟化石墨烯还可以提供一种与聚四氟乙烯（PTFE）等效的薄膜，后者是一种长链碳分子，与氟原子相连。1938 年，美国化学家罗伊·普伦基特（Roy Plunkett）为寻找新的制冷剂气体尝试了不同的化合物，意外地制造出了这种新型制冷剂。他使用的是四氟乙烯，一种由一对碳原子和四个氟原子组成的简单化合物。当时试验用的钢瓶里的气似乎已经用完了，但它仍然很重，不像是空瓶。

由于担心钢瓶里可能发生了某种化学反应会导致气体发生爆炸，普伦基特把仪器拿到实验室外面，在切开外壳之前，先套上了一个防爆罩。他打开钢瓶后发现里面有一种光滑、白色、蜡状的固体，即聚四氟乙烯。气体所受的高压，加上钢瓶内部的铁作为催化剂，促成了这种聚合物的形成。PTFE 最初用于涂在连接处以形成良好的密封，这一点到今天也没改变，不过我们在不粘锅中也遇到过它，在这种场景下人们更熟悉它的另一个名字——特氟龙（Teflon）。

这种不粘锅最初于 1954 年出现在法国，当时科莱特·格雷瓜尔（Colette Gregoire）告诉她的丈夫马克（Marc），她发现了能让食物不粘在锅上的方法，就是把他用在钓具上的 PTFE 放在锅里让锅更顺滑。实践证明这并不容易，因为 PTFE 不容易黏在金属上，但格雷瓜尔还是成功了，她先用酸腐蚀铝表面，然后在表面加热 PTFE 粉末，这样它就能附着在不均匀的金属上了。格雷戈里夫妇后来创办了一家名为特福（Tefal）的公司，销售涂有特氟龙涂层的平底锅。PTFE 天性排斥水，也几乎没有其他分子能附着在上面，即使能让壁虎爬上垂直玻璃板的范德华力对它也不起作用。

传统的 PTFE 分子实际上是一种一维结构，由长链相连的碳原子构成，每个碳原子都与一对氟原子相连。氟化石墨烯将它变为二维结构（每个碳原子只连接一个氟原子），实验证明这可能有助于高科技设备获得均匀外层，或在更小的物体上复制 PTFE 的低附着力。

"前景无限"的超薄物质

无论是石墨烯这个已知所有物质中最非凡的材料，还是各种二维材料衍生物，它们潜在的应用已经迎来了一次大爆发。许多应用目前虽然仍处于开发探索阶段，但这并不奇怪，因为石墨烯2004 年才首次生产出来，不过即便如此，其应用范围之广也足以令人惊叹。

6

超薄的世界

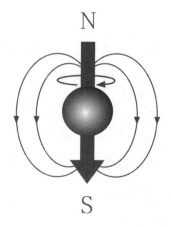

▶▶▶

全世界有数百名科学家致力于超薄材料的研究，不仅研究其二维结构的基本物理学和化学特性，还致力于探索使用它们的方法。有些尚处于雏形阶段的研究已经展现出巨大的潜力，尽管在撰写本文时大部分超薄材料都还没有量产。

无可避免地，超薄电子产品的研究最引人注目。

石墨烯晶体管

因为海姆和诺沃瑟洛夫利用胶带、银色涂料和牙签制成的设备所产生的场效应，关于石墨烯的应用人们最初想到的就是设法制造石墨烯晶体管，这并不令人意外。石墨烯薄得令人难以置信，一层就可以做成一个微型电路，甚至如果需要的话它还可以随意弯曲。当然，因为石墨烯固有的松散性，我们需要一个衬底来支撑，这可能会对厚度造成影响。但衬底本身可以很薄，让成千上万的石墨烯电路堆叠在一起并不是空想，只需要用合适的绝缘层将它们相互隔开。

由石墨烯制成的场效应晶体管具有极高的性能，可以通过施加电场控制准粒子的高水平流动，这一点即使是最好的硅/金属氧化物场效应晶体管也要甘拜下风。这对现代电子工业所渴望的超高频应用意义重大。

　　不过，在生产基于石墨烯而非硅的集成电路时，有一个严重的问题需要解决。为了形成计算机芯片的逻辑门，微小电路中的晶体管必须能够打开和关闭电流，也就是充当开关而非放大器。正如我们所见，石墨烯是一种极好的导体，所以即使尽可能地控制准粒子的流动，也很难避免它们的泄漏。

　　好在这并不是一个无法克服的问题。经尝试，可用如多层带状或"量子点"（Quantum Dot）这样基于石墨烯的结构，而非完全使用石墨烯，这样不但可以提供逻辑门必需的开/关控制，同时也保留了石墨烯的优点。目前这个方法已初见成效。

　　另一种办法是选择性地使碳原子与氟发生反应。正如前文所说，每个碳原子上都连着一个氟原子的氟化石墨烯也是超薄薄膜，应用潜力巨大。通过在晶格中选定的碳原子上添加氟原子，理论上（尽管尚未付诸实践）可以构建石墨烯和氟化石墨烯的混合物。氟化石墨烯是一种非常高效的绝缘体，用它的绝缘性能来限制导电率，就有可能设计出一种完全可操控的电路，将所有逻辑门都嵌入在一片石墨烯中。

　　最后，还有可能使用双层石墨烯。将两层石墨烯放在一起并不会使它还原为平淡无奇的石墨，反而会改变石墨烯的特性。根据不同的排列方式，会催生出与单层石墨烯不同的电子特性，在所谓的伯纳尔排列（Bernal Arrangement）中，一层中的一半原子在其他碳原子上方，而另一半原子在六边形晶格的中心上方，双层石墨烯（双石墨烯）能够形成合适的能带，从而生产计算机逻辑门。当然我们仍然可以将目光投向传统硅基芯片上使用的光刻技术，但是事情有了新的变化，我们将在下一部分进行讨论。

石墨烯晶体管不仅可以利用场效应形成放大器功能，还可用于制造超高速晶体管光电探测器，能够跨越可见光和红外光光谱。这种探测器不仅在使用方式上很灵活，而且可塑性很高，能提供适用于任何形状和大小的微型照相机的光检测设施和机制。

二维芯片

尽管使用石墨烯作为集成电路的基础存在一些显而易见的问题，但这种比硅更便宜、更有弹性、更薄的材料也有无可比拟的优点。2011 年，IBM 公司已经发布了第一个基于石墨烯的概念芯片。

这是一个射频混频芯片。它能接收两种不同的信号，并根据这两种信号的某种组合产生输出信号，最常见的是，混频输出这两种信号的和。它使用了两到三层石墨烯。为了制成电路，首先要在石墨烯上涂上一层聚合物。具体过程是把聚合物涂料集中放在一片石墨烯的中间部位，然后通过大概每秒 50 转的高速旋转使涂料展开，在石墨烯表面形成一层薄薄的膜。

然后在聚合物表面涂上一层氢倍半硅氧烷（Hydrogen Silsesquioxane）。这听起来像是某种牙膏添加剂，实际上是由氢、硅和氧组成的化合物，它能形成一种聚合物，这种聚合物在制造集成电路芯片所需的图形时，能起到很好的固定作用。之后用电子束光刻技术制作电路的结构，利用聚焦的电子束改变氢倍半硅氧烷的结构，使其溶解并可去除，留下通道作为掩膜，这样就可以用激光去除多余的石墨烯。

光刻完成后用丙酮清洗石墨烯，最终可得到尺寸小于 1 平方毫米的芯片。这种方法不适用于大规模制造，因为电子束曝光速度慢且成本高，但它证明了功能良好的石墨烯基芯片是可能被制造出来的。更重要的是，该设备的无线电频率高达 10 千兆赫。相比之下，调频广播一般在 0.1 千兆赫左右，数字广播在 0.22 千兆赫左右，移动电话在 0.85 ~ 1.9 千兆赫。石墨烯基芯片所能处理的超高频使其成为安全、近距离军事通信的理想选择。

迄今为止，纯石墨烯电子技术最大的困难可能就是它导电性太强。如我们所见，石墨烯晶体管可以用作放大器，但是如果不对分子进行处理，就无法使其完全关闭，这一点限制了仅基于石墨烯的电子元件的开发。但是，2017 年末，新泽西州罗格斯大学（Rutgers University）的研究人员宣布，他们已经发现一种使石墨烯暂停其导电性的方法，这使得全功能石墨烯晶体管的问世成为可能。他们在实验中使用了扫描隧道显微镜，这种设备我们曾在第 1 章中提及过，其校准方法为海姆和诺沃瑟洛夫利用胶带获取石墨烯提供了灵感。

扫描隧道显微镜是一种功能强大的设备，通过微小带电针尖接近待观察材料的表面。当该针尖几乎与被观察物表面接触时，来自设备充电针尖的电子将经历量子隧穿，越过由尖端与下方材料之间的间隙形成的势垒。针尖与被观察物表面间距的任何细微变化都会对电子的隧穿能力产生很大影响，因此，当尖端在表面上来回移动时，可以非常详细地绘制出被观察对象的表面。

看起来，这种等级的观测需要其尖端非常尖锐，确实如此，不过并没有想象中的那么难。理想情况下，金属材料的针尖在尖端只有单个原子，而将金属尖端磨成这种无法用肉眼看到的针尖的复杂技术是依靠一把剪线钳，只需用剪线钳将一根细金属丝剪断。实际上，顶部总是有一个原子会突出来，而这对显微镜来说就足够了。

通过改变施加的电流，扫描隧道显微镜的尖端也可以用来移动单个原子。1989 年，IBM 公司的科学家就使用这种设备，用 35 个氙原子拼写出了该公司的名字，这件事广为人知。罗格斯大学的研究人员利用同样的方法，在石墨烯下方形成了电场，阻止了电荷载体的移动，或者迫使它们在扫描隧道显微镜作用下沿着特定的路径移动，就像作用于光的透镜一样。

原子拼成的 IBM 字样（图片由 IBM 公司提供）

尽管相对于传统电子显微镜，扫描隧道显微镜体积算小的，但对于电子电路来说，它仍然过于庞大。不过，多数显微镜在这里都派不上用场。只要在石墨烯上安装一套微型导线，就可以建立电场来控制电子流动，并将石墨烯转变成包含全功能晶体管的电路。

电子自旋

正如我们讨论过的，除了用于制造性能更好的常规电子元件，石墨烯及其他超薄材料也有可能在自旋电子学这个新生领域中发挥作用。在这个领域中，电子的自旋和电荷一样用于产生逻辑电路。

作为"石墨烯旗舰"项目的一部分，西班牙、荷兰和德国的研究人员在 2017 年在实用自旋电子器件研发方面取得了重大进展。

石墨烯曾在许多方面都表现突出，这一次也不例外，人们发现它具有独特的高自旋寿命各向异性（Spin Lifetime Anisotropy），实际上，它能够将自旋锁定在一个特定方向的时间远远长于正常水平。石墨烯器件充当过滤器，只传输特定的自旋方向，使其成为一个超灵敏的自旋变化探测器，这是在计算中利用自旋作为传统电势状态的等效量所必需的。

将石墨烯与其他超薄材料（例如二硫化钼和二硫化钨）结合使用，各层之间的相互作用可以提供一种机制，控制电子在经历"自旋弛豫"（返回到随机方向）之前自旋方向的时间。即恢复为随机方向，相当于在电子逻辑电路中从 1 变为 0。如果可以构建可靠的自旋电子逻辑设备，将使传统设备和量子计算领域都获益，"石墨烯旗舰"项目中研究人员和开发公司之间的合作可能是加快这一过程的理想方法。

不过，并非每一种电子或电子自旋方面的应用都需要集成电路那样复杂的结构。在某些情况下，石墨烯是一种超级导体，恰好还是透明的，就足够带来惊喜了。

光学新发现

太阳能电池生产领域的人也在关注石墨烯的发展。为了制造有效的太阳能电池利用太阳光发电，需要使用透明的导电材料层。迄今为止，兼顾透明度和导电性意味着要使用非常薄的金属或金属氧化物层。然而，它们在透明度上往往不如石墨烯[1]，且造价昂贵，吸收的光频率变化大，并且更可能发生预期之外的化学反应。

用化学气相沉积法制得的石墨烯太阳能电池的雏形几年前就出现了，相信不久之后石墨烯就能改变这一行业。此外，石墨烯与柔性超薄吸光半导体（例如二硫化钼）相结合，可以制成更好的柔性膜，不仅能够利用太阳光发电，还能包裹在任何形状的物体表面。

LCD 屏幕和触摸屏技术也需要透明导体。与只有几厘米宽的太阳能电池相比（太阳能电池板由多个电池阵列组成），它们需要大得多的薄片，这在超薄薄膜生产初期是个问题，但最新的生产技术已经可以规模生产现代显示器所需的二维材料了。最初的 LCD 显示器只有几厘米长，而现在的电视屏幕通常是 50 ~ 70 英寸（1.2 ~ 1.8 米）。

我们相信在几年内会出现更大尺寸的石墨烯面板。它们现在已经可以少量规模生产从而帮助我们解决困扰着很多人的问题。

---

1 作为二维材料，石墨烯实际上吸收了相当多的入射光，只允许大约 97.7% 的光线通过，但即便如此，也比目前使用的较厚的金属层透明得多。

摔不碎的屏幕

使用智能手机的人都知道屏幕是多么易碎。手机摔在坚硬物体上后，你很可能会得到一块四分五裂的屏幕和一张昂贵的修理报价单。现在苏塞克斯大学（Sussex University）的一个研究小组研制出了一种更有韧性的屏幕。更重要的是，这种屏幕耗电更少，比传统的玻璃触摸屏反应更快。它也可以用于其他需要灵敏触摸屏的设备上。

苏塞克斯大学研制出的屏幕使用了一种柔软的丙烯酸塑料（Acrylic Plastic），在上面涂有一层由银纳米线制成的网格，让石墨烯浮在水面上，然后用橡皮图章吸附并按所需的图案压在银纳米线网格上，有点像用石墨烯来玩马铃薯印刻游戏。这种屏幕优点非凡，具有柔性，并且由于石墨烯出色的电导率，其导电性约为银的 10 000 倍，使其更加灵敏且功耗更低。

纳米线使用的金属量也比传统的屏幕大大减少，使石墨烯和银的方法在成本上比目前最常用的氧化铟锡的方法的成本要低得多。银在空气中使用时，氧化变色问题总让人伤脑筋，但石墨烯恰巧能防止银氧化变色。

柔性屏幕像石墨烯的多数用途一样依赖于它的电子特殊性质。但有的应用可能取决于其他属性，例如它与磁的相互作用。

抗磁材料

回想安德烈·海姆的"悬浮的青蛙"实验和其他抗磁物体的内容，会发现石墨烯也是一种抗磁材料。正如我们所讨论过的，这是一种介质，它自身变成了一个（相对）弱的磁体，与它所处的磁场相反。实际上，抗磁性物体会被磁场排斥。以石墨烯为例，特殊的原子晶格结构使其成为一种足够强的抗磁材料，在常规钕铁硼永磁材料的作用下就能悬浮起来，不需要"悬浮的青蛙"实验中的超强电磁铁。

尽管这一点当前没有实际应用，石墨烯无法利用这一点将磁悬浮列车保持在轨道上方，因为排斥力太弱。不过二维材料的这一神奇之处，将来可能与其他特性结合起来运用。例如，想象一下石墨烯膜可能悬浮在气隙磁场中，使用电磁体的可变磁场来微调其与另一种材料的相互作用。这将使人们可以按一下按钮改变电容器中存储的电荷，从而更容易控制用来替代电池的超级电容器放电的速度。

石墨烯飘浮带的这种想法很有趣。它可能还会有更多更重要的其他应用，不是基于它的电学特性和强度，而是因为石墨烯和其他超薄材料所具有的独特的原子晶格。

海水淡化

具体来说，二维材料因其二维晶格与其他原子和分子相互作用的天然特性令我们大为获益。

利用这一点可以将这些材料用于海水淡化。海水淡化如果可以简单而廉价地实现，将造福全人类。确切地说，地球并不缺水，大约有14亿立方千米的水分布于世界各处，一立方千米就含有一万亿升水。然而，世界上的某些地区却长期缺乏饮用水，即使它们离海很近，因为上述绝大多数都是无法饮用的咸水。

很长一段时间以来，人们一直在进行海水淡化的尝试，要么通过各种蒸馏法，要么通过使用压力来迫使水通过特殊的膜从而把盐分阻挡住，这一过程被称为反渗透，这在上文有所提及。然而，反渗透法需要相当大的功率才能进行，而且成本高昂，需要定期清洗或更换。基于超薄材料的分子筛可能是一个便宜得多的选择。第一种方法是使用相互平行的氧化石墨烯薄膜，这样一来，薄膜之间的缝隙足够小，可以让水通过，但又不会大到让水中的盐通过。

这种方法适用于较大的盐类和污染物，但小的盐类还是会留在水中，尽管它们不应该能够通过缝隙。人们发现，当这些薄膜浸泡在水中时，它们会充分膨胀，让较小的盐类通过某些缝隙。通过对尺寸的仔细调整，事实证明可以制造出一种非常有效的海水淡化分子筛。然而，这并不是最终的解决方案。

更精确的方法是用某种材料制成只适合水通过的孔或缝隙，但这通常不能利用传统的过滤膜材料，因为这些材料切口不精确无法保证表面平整。然而，高质量的二维材料不存在这种不规则性，它们的表面平整光滑没有变化。

曼彻斯特大学石墨烯研究院的研究人员利用石墨烯、氮化硼和二硫化钼成功地制造出了缝隙直径不到 1 纳米的薄膜。这些缝隙与过滤的水分子大小相同。制成如此精确的缝隙至少在技术上是一个挑战，但安德烈·海姆和他的团队想出了一个聪明的方案。

他们制造了两片薄薄的石墨，每一片都有着光滑的表面。这些大约 100 纳米厚的晶体会形成缝隙的两边。然后，他们沿着其中一个晶体的两条平行边缘放置二维材料条，并将另一个晶体置于其上，制作出一个三明治结构。最后得到了一对晶体，它们之间的缝隙只有二维材料那么厚。海姆解释说：

> 这就像平放一本书，在边缘各放两根火柴棍，然后在上面再放一本书。于是两本书之间产生了一个空隙，空隙的高度就是火柴的厚度。在我们的实验中，"书"是原子层面的扁平石墨晶体，"火柴棒"是石墨烯或二硫化钼单分子层。

整个结构由范德华力保持在一起，缝隙的大小类似于细胞中蛋白质提供的被称为水通道蛋白的微小间隙，该间隙允许水和离子[1] 通过细胞壁，这是实现生物机能必不可少的过程。从分子筛的一侧向另一侧施加电势差时，不同的离子将穿过缝隙。令人惊讶的是，大于缝隙的离子也可以穿过它们，因为原子不是实心球，而是具有一定程度的柔韧性。希望通过进一步了解如何使用这种缝隙来控制离子运动，生产出比使用简单的膜筛方法更快，耗电量更少的海水淡化设备。

在这种情况下，过滤作用来自石墨块之间的缝隙，这些缝隙被超薄材料条隔开。然而，石墨烯提供了另一种替代方法，该方法无须任何附加能量便能自动产生蒸馏液。

神奇的薄膜

石墨烯继续以这种出乎意料的特性给那些从事此研究的人带来惊喜。2012 年，安德烈·海姆的团队报告了他们发现的迄今为止石墨烯最奇怪的特性。由于其连续的晶格结构，石墨烯能够保持液体和气体处于隔离状态。该小组生产了多层氧化石墨烯，即"羟基"石墨烯，羟基随机附着在石墨烯表面上，形成了自支撑膜，其仍然比人的头发薄数百倍。

---

1 如前文所说，离子是获得或失去一个或多个电子并带电荷的原子。例如，在海水中，盐不是以氯化钠的形式存在，而是以带正电荷的钠离子和带负电荷的氯离子的形式存在。

这种薄膜被贴合在金属容器的内壁时，事实证明它在防止液体和气体泄漏方面非常有效，哪怕是面对众所周知会到处乱窜的氦也不在话下。想想1毫米厚的玻璃涂层都完全不能阻止氦的通过，但这层薄薄的薄膜却能使它保持在适当的位置，这实在令人印象深刻。

当然这件事本身并不太令人意外，因为石墨烯的结构便是如此。但值得注意的是，有一种物质可以穿过氧化石墨烯薄膜。液态水和其他液体不能穿过薄膜，但研究小组发现，薄膜下水蒸发的速度和在空气中蒸发的速度是一样的。这令人啧啧称奇。

情形似乎是氧化石墨烯薄膜与水分子层之间的间距刚好可以让单分子厚的水分子通过缝隙。较大的原子或分子不合适，而较小的原子或分子（如氦）会导致该结构收缩，使空间封闭。目前似乎只有水是这样的。

安德烈·海姆的团队成员们对下述这项实验完全没有"免疫力"。把一种水基混合物放入用这种薄膜密封的容器中的话，久而久之，水就会蒸发掉，剩下其余的东西。团队成员拉胡尔·奈尔（Rahul Nair）评论道："我们只是觉得好玩，用这种膜封住了一瓶伏特加，发现随着时间的推移，伏特加变得越来越浓。"奈尔自己没有喝，但这种高烈度的伏特加估计不会被白白浪费掉。

尽管自蒸馏酒具有一定的吸引力，但这种降低混合物中的水分含量而又不让其他挥发性物质逸出的功能还可以应用于很多领域，例如，去除燃料中的污染物，或在运输果汁时减少水分含量，从而不损失任何使它们具有"鲜榨"味道的挥发性化合物。

让我们暂时先放下液体。最初的石墨烯团队还发现了石墨烯的另一种用途，这种用途可能很小众，但却不容小觑。

显微镜伴侣

石墨烯还有一种应用潜能不大的用途，但康斯坦丁·诺沃瑟洛夫很喜欢，那就是作为透射电子显微镜（一种电子显微镜，其中电子流替代了传统光学显微镜中的光穿过材料，而不是像扫描电子显微镜那样从材料反射出来）观察材料的支撑结构。人们需要有一种坚固的材料支撑样品使样品不会受到辐射的破坏，并且这种材料还应是良好的电子导体，石墨烯符合所有的标准。

这一过程包括将一层石墨烯转移到用于透射电子显微镜的金属支撑网格上。与传统的电子显微镜载玻片相比，它可以直接与待研究的物质接触，并能支撑和固定生物材料或其他物质。

这种应用可能会有一些间接的医疗用途，但石墨烯可以通过提供诊断"文身"，为医疗团队带来更直接的好处。

隐形文身

对于石墨烯"文身"的可能性，医学界相当期待。这并不是最新的身体装饰手段，毕竟石墨烯几乎是透明的，石墨烯"文身"毫不显眼。这是一种潜在的健康监测设备，即使在进行一些剧烈运动时用户也几乎不会注意到它的存在，而普通传感器在运动时可能会被甩掉。

"文身"这个词听起来像是永久性的，这会让人有疑虑，但石墨烯"文身"并不是深植入皮肤的，而是使用与临时文身贴相同的黏合技术。两天左右它就会自行脱落，需要的话也可以提前移除，移除方法就是人们熟悉的胶带法。

与健身带或智能手表中的传感器相比，石墨烯"文身"具有极大的优势，可以在佩戴者运动时随着皮肤的形状扭曲。这意味着电触点会一直保持在原位，这是采集医疗级数据的要求，无论"文身"是用于监测心率还是生物电阻抗（皮肤的电阻，可用来提供身体成分的信息水平，比 BMI 更有效地衡量体内脂肪水平），并可针对性地为一系列心脏、肺、肾、神经和感染性疾病的诊断提供依据。

不易脱落、薄度和柔韧性意味着石墨烯传感器的佩戴感比健身带更舒适，并在连接性上至少与现有的医疗传感器并驾齐驱，不必用导电胶黏附在身体上。传统传感器在取下时会造成皮肤损伤，对老年患者来说尤为如此，且生产成本相对较高。

我们已经多次提到，石墨烯需要某种衬底来防止它起皱。在石墨烯"文身"中，该基材——聚甲基丙烯酸甲酯（简称PMMA）以透明聚合物的形式位于石墨烯上方，而不是下方。然后将传感器进行激光切割并移到临时的文身纸上，用以将其黏附到皮肤上。

石墨烯"文身"不仅几乎是透明的，而且具有与人类皮肤一样的柔韧性，即使覆盖相对较大的区域，佩戴者也几乎察觉不到。2017 年人们在对该技术进行的首次实际测试中，"文身"样品被用于检查皮肤温度和水合作用（通过皮肤电导率测量），并用作心电图、肌电图和脑电图的电极，测量心脏、肌肉和脑部活动。

需要附着在皮肤上时，石墨烯的这种灵活性使它脱颖而出，在其他许多需要非刚性电子产品的情况下也会大显身手，并且远远不只是充当隐形电极。

趣味时尚

石墨烯和其他薄膜材料的柔韧性使其具有生产可穿戴电子设备的天然潜力。这是与上一节中讨论的石墨烯"文身"相同的技术，但不同的是，它既可以应用于皮肤也可以应用于衣服，可以像"文身"一样制成膜使用，也可以制成石墨烯墨水用于其他的应用场合。这种可穿戴电子设备有可能实现人与物之间的直接交互，例如通过手势控制机器，或利用二硫化钼的发光能力制造能显出静止及移动图像的发光衣服等。

石墨烯研究人员称，可穿戴式石墨烯电子产品可用于与智能房屋互动，以及用于对轮椅和机器人的控制。他们已经展示了如何利用石墨烯"文身"产生的信号来远程控制无人机。

2017 年的另一项进展出现在北京的清华大学，在那里，实验人员使用基于石墨烯的应变传感器改变了其上层的颜色。石墨烯层既可作为非常敏感的测量工具（因为改变石墨烯晶格会令其电子性质随时改变），又能充当控制有机电致变色器件的电极，这是一种随着施加到其上的电压改变而变化颜色的材料。其结果是薄而柔软的材料片对施加到该片上的变量具有对应的视觉应变读数。视觉应变传感器既具有潜在的娱乐性应用（如随你的运动而变色的衣服），又可作为敏感应变仪，监测从高危建筑到术后肿胀等任何情况的变化。

就可穿戴电子设备服装的强化而言，2017 年，剑桥大学的研究人员与来自意大利和中国的同事合作，生产了将石墨烯电路直接印刷在材料纤维上的织物。电子电路具有与服装一样的柔韧性，并能经受多达 20 次洗涤。

这一发展反映了这类石墨烯技术中最重要的一个步骤：基于

石墨烯和其他二维材料的油墨的开发，这些油墨可以被喷墨打印机打印到织物（或纸）上。即使是现在这样起步的阶段，研究人员仍能够生产出功能齐全的全印刷电子电路。虽然用于印刷电子电路的油墨已被应用于少数场合，但它们使用的溶剂会危害人体，并且对柔性材料无效。而基于石墨烯和氮化硼层的材料则具有二维材料普遍的柔韧性，并且是无毒环保的。

最重要的是，可打印的二维油墨并不仅仅只能满足视觉方面的需求。任何曾经穿过带有内置灯光或其他技术设备的衬衫的人都知道，真正的问题不在于显示，而在于电源[1]。它们配有一个独立的笨重电池组，在穿衣服时必须把电池组装在某个地方，清洗时还需要拆除。然而，2017 年，石墨烯研究所展示了利用打印在棉织物上的氧化石墨烯墨水生产的超级电容器（超薄电池替代品，见下一节）。棉纤维充当氧化石墨烯超级电容器的衬底，其柔性与棉织物相同。除了让基于服装的电子产品更实用之外，它还可以与石墨烯"文身"一起用于医疗诊断和健康监测设备。

用超薄材料制作 T 恤是一种有趣的做法，但超级电容器本身有更广阔的应用前景，甚至可以用来解决电动汽车的问题。

1　我曾经收到一件衬衫，在有 Wi-Fi 集线器的情况下，Wi-Fi 功率等级指示灯会点亮，显示信号的质量。这个概念很棒，但是由于上述种种原因，它实在很难穿。我只穿过一次就把它压箱底了。

超级电容器

无论是智能手机，还是电动汽车，我们都越来越依赖电池，最大的问题就是电池充电的时间。得益于石墨烯的电子特性，滑铁卢大学（University of Waterloo）的一个团队在超级电容器的生产方面取得了重大进展。超级电容器是一种有可能取代电池的设备，在几秒钟内就能充满电。

电容器是一种以电场形式储存电能的装置，而不是通常那样使用储存在电池中的化学能。这意味着电容器可以极快地充电和放电以令设备极快获得电力，而不需要渐进的化学变化过程。简单地说，电容器就是一对金属板，中间有一层电介质，通常是一种绝缘体塑料。尽管它不允许电流在两个极板之间流动，但它能容纳电荷。电介质的一侧带正电荷，另一侧带负电荷。

电容器充满电后可以保持一段时间，直到连接到电路中的电荷被释放。这种性能使电容器在电路中成为一种常见的元件，特别值得一提的是它们能阻止直流电（DC），但允许交流电（AC）通过。直流电是一种由电池产生的单向连续电流，而交流电是一种用在主电源上的电流，电流的方向是变化的，电压也通常像正弦波一样变化。电子信号通常以波的形式出现，电容器阻止直流电带来一个好处是能过滤掉不需要的噪声，留下纯净的波。但是，说到代替电池，电容器有两个问题亟待解决：它们能容纳的电量和放电的速度。

电容器充电的速度比电池快得多，它可以让其所有电荷以电路中的电阻所能允许的最快速度充电。我在学校参加的第六个项目中建造激光闪光管时，我们使用的是从曼彻斯特大学借来的电容器，它们的体积有 5 升油罐那么大，容纳的电荷足以致死，在不到一秒钟的时间内释放出的电荷足以形成几厘米长的微型闪电。

人们在制造合适的电路以逐渐释放电容器电荷方面积累了丰富的经验，但光是电容器并不能解决所有的问题。另一个关于容量的问题更加棘手。直到最近，电容器可以容纳的电荷量还不足以使其成为电池的有效替代品。

超级电容器，顾名思义其储存的能量比传统电容器多得多，目前已经投入使用，例如，在使用再生制动技术的电动汽车中，制动过程中产生的电能可以被有效地储存起来。然而，它们相对来说比较笨重，而且受限于电极处理电流的能力。石墨烯的出现极有可能改进现有的设计。

目前，一个能装进手机的超级电容器只能装下相当于同等大小电池容量 10% 的电量。但是，通过给超级电容器接入超大容量的电极，它的存储量可以显著增加。滑铁卢大学的团队已经用多层石墨烯薄片制作了超级电容器雏形，中间用一种油状液体盐隔开。这种介质避免了石墨烯薄片直接相互作用而失去其二维特性的问题，从而形成可处理更多电子的多层电极。油状液体盐不仅解决了结构上的问题，还为超级电容器提供了介质，因此整个元件在尺寸和质量上都比传统材料的电容器小得多。

尽管从目前的情况来看，超级电容器不大可能完全取代电池，但它肯定是未来的一个发展方向，因为我们在开发超薄材料的技术方面仍处于非常初级的阶段。想想看，我们花了多长时间才达到目前的电池容量，而石墨烯的实际应用才开展几年？在可期待的未来，基于石墨烯的超级电容器可以让我们的手机在几秒钟内充满电，而且电动汽车充电的时间将比汽油装满油箱用的时间还短。如果这一切成真，那么电动汽车最大的问题将迎刃而解，我们将拥有更加环保的交通体系。

与超级电容器相比，微小的石墨烯电容器已经被用来检测以前无法检测到的微小压力变化。

压力之下

在超薄压力传感器中，薄聚合物衬底上的石墨烯薄膜被放置在硅基芯片上的浅洼处。石墨烯薄膜上的任何压力变化都会改变石墨烯与硅之间的距离，使二者间的缝隙变小。结合起来，石墨烯和缝隙就像一个电容器：当两种物质之间的距离发生细微变化时，器件的电容也会发生变化，可以在电路中检测出来。

除了作为上述苏塞克斯大学触摸屏的另一个补充，这种具有显著灵敏度的传感器还可在未来用于监测发动机、暖气设备、通风设备、空调等。

在我们结束能量话题之前，还有一个关于石墨烯的惊喜要揭晓，它不仅能用于储存能量，还能转化能量。

最小发电机

我们已经在前文说到，在海姆和诺沃瑟洛夫的发现之前，人们认为石墨烯不稳定，在原子自然运动的影响下，它会分解成碳微粒。然而，因其惊人的抗拉强度和置于衬底上的范德华力，这个担忧并没有发生。但阿肯色大学（University of Arkansas）的科研团队还是发现了石墨烯原子中的一些残留活动，他们相信可以利用这些活动的能量来制造一个微型发电机。

一切都始于他们用电子显微镜在铜衬底上观察石墨烯。他们最初得到的图像模糊不清，令人困惑。在时间和空间维度上细致分析了正在发生的事情后，他们才意识到他们看到的是碳原子在随机地上下波动。这是一种特殊类型的随机游走，偶尔会有较大的跳跃，这可称为列维飞行（Levy Flight）。波动是由于房间里的热能提供了能量，使碳原子保持了剧烈运动。

液体或气体中的所有分子都在作随机运动，其速度远远快于固体中的原子。我们在布朗运动中看到了这一点——物质的微小颗粒，如果悬浮在水中，就会被不断运动的水分子撞来撞去。但最大的不同之处在于，通常的随机运动是不可以利用的，因为不同方向上的不同运动会互相抵消，这些粒子的运动是完全随机的。然而，石墨烯的情况有所不同。

因为所有原子都在一个薄片的晶格结构中，所以它们被约束在一起运动，与微小随机运动会互相抵消相比，这些运动发生在相同的方向上，从而导致相对较大的波动。而这有希望产生能量。

有一点顾虑就是理论上可行的东西在实践中可能行不通。就像尽管人们已经设计出了纳米发电机模型，但尚未对其进行构造和测试。不过，从理论上讲，这可能意味着设备可以通过永远不需要更换的少量微型电源实现无限期运行。

顺便说一句，这并不是另一个像永动机一样的幻想，也不是麦克斯韦妖（Maxwell's demon）的变体[1]。能量不是凭空产生的。使用该设备将略微降低其周围环境的温度，因为正是石墨烯周围环境的热能（最终源自阳光）驱动着石墨烯。实际上，它是一种

---

[1] 这是一个思想实验，让热量从较凉的地方传递到较热的地方，使用某种工具可以看到哪些空气分子移动得快哪些移动得慢，并使用隔板将它们分隔到不同的容器中。这违反了热力学第二定律。与这个虚构的思想实验不同，石墨烯发电机不会破坏热力学第二定律。

利用环境热能的间接太阳能发电机。

　　让这种不可能成为可能的唯一原因是石墨烯出色的强度，它不会因热波动而被撕裂。但是，显然，它的强度为我们带来的好处不止于此。

最强物质

　　我们在前文已经分析过，就抗拉强度而言，石墨烯是迄今为止人们发现的最强的物质。这意味着几乎可以肯定，在侧重强度的应用中石墨烯的地位会越来越牢固，一些正在开发的材料也将石墨烯条嵌入到不同的聚合物中。例如，现在无论在何处使用碳纤维，只要强度不够，就会用上石墨烯。

　　当然，一些与强度相关的应用可能更看重的是名头而不是材料强度本身。声称自己的产品中使用了最坚固的材料，很容易令它拥有营销上明显的优势，而实际上石墨烯本身可能无法在实际中提供这种优势。例如，跑鞋制造商 Inov-8 与石墨烯研究所合作设计了一款新的 G 系列跑鞋。G 系列跑鞋于 2018 年推出，其橡胶鞋底包含了石墨烯。这家运动服装制造商称，他们将"让鞋子更结实、更有弹性、更耐穿"。这款跑鞋看起来就像是化妆品中的神奇成分，比如视黄醇。我们今后可能会在很多产品中发现石墨烯，但这些产品加入石墨烯只是想多个噱头而非出于性能方面的考虑。然而，研究所团队的贡献确实让跑鞋制造商的说法看起来更有可能。曼彻斯特大学的研究人员阿拉文德·维贾亚拉加万（Aravind Vijayaraghavan）称："运用石墨烯增强的橡胶能更好地弯曲和有效抓地，适用于所有表面，且耐磨损，能提供可靠、牢固、持久的抓地力。"

尽管商店里可能会出售这样一些模棱两可的东西，但我们需要记住的是，石墨烯并不是一个品牌名称，也不只是让运动鞋看起来更令人印象深刻的"科学材料"。它毫无疑问是真正的神奇材料。

石墨烯镊子

上一节有关石墨烯强度的内容原本是本书最后一个关于石墨烯应用的例子，但现在到处都在做新的尝试，从而大大丰富了这个话题，在我撰写本书时又有了关于石墨烯最新应用的消息。明尼苏达大学科学与工程学院（University of Minnesota's College of Science and Engineering）的研究人员找到了一种生产石墨烯镊子的方法，这种镊子体积很小，可以抓住漂浮在水中的单个生物分子。

这个研究其实早已有之，使用的是一种被称为介电电泳（DEP）的方法，但它对原子或更小的粒子还是束手无策。这种方法是要把微粒困在一个强烈的电场中。由于石墨烯非常薄，再加上其极好的导电性，利用这一点来产生这种精确定位的电场，要比其他方法精确得多。

　　因为石墨烯电极很窄，所以设置电场所需的电压很小。在传统的介电电泳中，需要实验室才具备的高压条件，但石墨烯电极只需要 1 伏电压就能捕获 1 摩尔 DNA。这不仅使整个过程更加安全，而且理论上也意味着智能手机可以与医疗诊断设备连在一起，利用这项技术分离生物分子，并通过分析它们来诊断患病的可能性。这甚至不需要其他单独的设备，镊子不仅可以用来捕获分子，还可以用作极其灵敏的生物传感器，只用这一个小巧的工具便可为一系列诊断提供数据。石墨烯自问世以来一直在不断地带给我们惊喜，并且还将继续下去。

更多惊喜

　　以上这些似乎已经足够了，远远超出了石墨烯最初问世时人们的期待。根据我们对碳纤维的经验，石墨烯的抗拉强度可以说尚属预期之内，当时也有人猜测它的电子性能可能会与众不同，但没人能猜到石墨烯和其他二维材料会带来如此天翻地覆的变化。新的发现还在不断涌现，查看相类的研究报告，你可能会发现一系列石墨烯的新发现通常都是在最近几个月里完成的。这不是单一的突破，而是一个连锁效应。

　　从某种意义上说，石墨烯开创了一种全新的超薄材料科学。

当我为本书搜集资料时，仅一年内的新发现就可以写一整章。超薄材料以其弹性、透明度、强度和小尺寸吸引了全世界成千上万的研究人员。这几乎就像我们获得了一套全新的元素，确切地说是结构构件，并且能够开始制造以前无法想象的设备。

而这所有一切都始于曼彻斯特"星期五晚的实验"。超薄材料科学的发展欣欣向荣，越来越多的工作人员和机构参与到这项研究当中。

从幕后到台前

从最初曼彻斯特大学的业余时间小型实验开始，到现在石墨烯和其他超薄材料的研究在全球范围内势不可当，所有主要研究国家和地区都在开展相关研究，这无疑是对这些材料的技术认可。自 2004 年海姆和诺沃瑟洛夫的发现问世以来，十年间（就这样一项重大技术突破而言，这个时间非常短），研究和讨论变得越来越热烈，而且没有消退的迹象。要了解石墨烯已经创造了多少可能，我们只需要再次回顾一下曼彻斯特大学的发展情况。

在曼彻斯特大学，海姆和诺沃瑟洛夫最初的实验室只是一栋旧楼角落里的一个小房间。随着研究的发展，学校发现关于石墨烯和其他二维材料结构的研究工作正在飞速发展，而学校目前的条件已跟不上这样的发展趋势。两人在 2010 年获得诺贝尔物理学奖后，几年内曼彻斯特大学便聚集了30位教授和大约200名学生致力于这一领域的研究。这对学校现有住宿情况造成了很大压力。于是在相关基金的资助下，在曼彻斯特大学校园内的一块备用土地上，新的国家石墨烯研究所矗立了起来。

这所大楼的建筑规范是前所未有的。康斯坦丁·诺沃瑟洛夫曾将该研究所描述为"一座无比复杂的建筑"。它需要有大量的无尘室[1]，以便提供完全没有灰尘和污染的实验环境。而且它是为尚未问世的设备和尚未确定目的的实验建造的，因为在进一步研究前没人会事先知道这些。不过在关于石墨烯的研究中，有一点是确定的，那就是它总是会带来意外和惊喜。

依据这些复杂的建筑规范，研究所于2013年开始建造。人们不仅要保护无尘室不受空气污染的影响，而且还必须将振动降至最低，因为诸如扫描隧道显微镜之类的敏感设备以及纳米级材料操控很容易因此受到影响。该研究所大楼原计划在一条主干道上兴建，这很容易受到各种振动的影响，因此人们将主要的无尘室修筑在了地下5米的地方，使其可以直接固定在地下的基岩上。出于相同的原因，供暖和空调系统因其本身不可避免地会引起一

---

1 这个无污染的要求让人想起卢瑟福曾经工作的地方——曼彻斯特大学老物理实验室，该实验室配备了空气净化器，将这所城市满是尘霾的空气通过油浴方法进行清洁。

些振动，它们与建筑物的其余部分也要确保50毫米的间距。

从某种意义上说，海姆和诺沃瑟洛夫的"星期五晚的实验"方法对研究所的建造者来说既是机遇也是挑战。与海姆相比，诺沃瑟洛夫更多地参与到了设计中，他明确表示，研究所的光学实验室、电子实验室、化学实验室及核心实验室要易于改变从而适应今后的未知实验；此外考虑到信息共享和实验人员的交流，他希望将办公室分散在实验室中而不是采用简单的结构将所有办公室放在一起，与实验室分开。该建筑还设计了一个能充分展示生物多样性的屋顶花园，里面种满花草，吸引了蜜蜂和其他昆虫。

英国国家石墨烯研究院（National Graphene Institute）大楼于2015年全面开放，随后进行了另外两个项目的开发。在我撰写本书时，该研究院的姊妹项目石墨烯工程创新中心（Graphene Engineering Innovation Centre）的建设工作已接近完成，定于2018年年中开放。该创新中心的建立是便于将研究院提出的原始研究投入生产，将前文提到的许多概念用于模型设计和生产，从而避免了从实验室到工厂这一步骤可能会出现的问题。

一年后，规模更大的亨利·罗伊斯爵士先进材料研究所（Sir Henry Royce Institute for Advanced Materials Research）开工，成为研究超薄材料以及其他一系列专业材料的中心。该研究所的核心建筑与国家石墨烯研究院只隔着一条路，是曼彻斯特大学、谢菲尔德大学、利兹大学、利物浦大学、剑桥大学、牛津大学和伦敦帝国学院之间的联合项目。这巩固了曼彻斯特大学作为全球超薄材料研究领域的领导者的地位，而这一切都始于海姆和诺沃瑟洛夫充满原创性的思维方式。

专利及旗舰项目

尽管曼彻斯特大学在石墨烯研究领域处于世界领先地位，但现在全世界都投入了大量资金来推进相关研究并将产品推向市场，因为石墨烯和其他超薄材料的应用范围和潜在用途实在让人无法小觑。这反映在现已获批的与石墨烯有关的专利的数量上。2007年专利数量为161项。2009年至2010年，数目已增长至每年1 000项左右。2015年达到了近7 000项专利的峰值。这个数字在2016年有所下降，但是在撰写本书时，要断言这是否只是一个短期的低谷还为时过早。

用石墨烯的研究成果申请专利是一件复杂的事情。石墨烯本身无法申请专利，因为这是一种自然物质，而欧洲的公司、大学和企业在申请专利方面行动迟缓。迄今为止，申请专利数量排在前三位的国家依次是中国、韩国、美国。许多专利永远不会用于实际生产，有些专利被认为只是激进的商业手段，企业会尽可能多地申请专利，以期在未来的发展中获利。

　　有趣的是，在比较石墨烯生产商的数量时，中国仍排在首位，美国紧随其后，然后是英国。更有趣的是，我们需要知道，中国和美国庞大的经济规模影响了绝对数字。如果以石墨烯产业占 GDP 的比例计算，西班牙高居榜首，英国位居第二，然后是印度，中国则排在第四。西班牙和英国等国家的表现似乎比预期的要好，因为它们一直有意识地向石墨烯开发倾斜资源。

　　毫无疑问，那些急需专利的国家将取得重大进展。但正如我们所看到的，英国也在科研上投入了一大笔资金，与此同时，欧洲也计划通过一项名为"石墨烯旗舰"的合作项目。这项研究汇集了来自 23 个国家的 150 多个学术机构和工业研究小组，其中多数属于欧盟国家。尽管"石墨烯旗舰"项目在运作上不可避免地比单一机构更官僚，但它有能力以前所未有的规模汇集相关信息。

　　一个例子是其在 2017 年与欧洲航天局（European Space Agency）合作进行的测试，探索石墨烯在"类太空"应用中的表现，例如观察石墨烯的导电性在环路热管（Loop Heat Pipe）中的应用，环路热管是一种高效的冷却系统，能将热量从高温管道传输到液体中。虽然石墨烯的性能在正常条件下有上佳表现，但在太空应用中，有必要检查在失重条件或发射时的剧烈加速度下是否会产生变化。目前为止，所有的证据都表明石墨烯的效用并未因此而打折扣。

另一项实验是利用石墨烯的强度和超薄特性来进行太阳帆（Solar Sails）测试。太阳帆是一种用石墨烯薄膜制成的太空帆，利用太阳光的光压力来加速飞船。这项实验必须在零重力的情况下进行。最后人们利用了德国不来梅一座146米高的塔来做实验，这座塔上物体垂直下落时的失重自由落体运动时间能达到9.3秒。关于这项实验还有更多的工作需要完成，但目前实验透露出的信息是鼓舞人心的。

创造，在于行动

总而言之，海姆和诺沃瑟洛夫在石墨烯方面的研究是科学领域创造性工作的一个成功范例。海姆确信，"星期五晚的实验"方法提供了一种机制，可以帮助科学家们暂时脱离墨守成规——由于他们研究兴趣的狭窄，这种情况很容易发生。有趣的是，几十年来美国3M公司采取了相似的方法，该公司鼓励工程师们每周花半天时间研究专业领域之外的东西，这个有趣的小项目可能会促成新产品的诞生。便利贴的诞生便是如此，与用胶带剥离石墨烯碳层的想法有异曲同工之妙，而3M公司类似这样的产品还有很多。

科学家们常常把他们所有的时间都花在一个狭窄领域的某个细节上。但"星期五晚的实验"方法确实提供了一个机制，能让更多的科学家从中受益。海姆指出，在准备诺贝尔奖获奖感言时，他列了一份清单，上面是他和同事多年来在周五晚上进行的24个实验。当然不出所料，大多数实验都失败了，但失败是创新过程中一个不可避免的部分，况且有三个实验获得了巨大成功，分别是磁悬浮、壁虎胶带和石墨烯。正如海姆所指出的那样，这个成功率已经超过了10%，令人印象深刻。我们不能忘记，这些只是一些预算极少的有趣的小实验。

还有些表面上失败的实验其实离成功只是一步之遥，这也再次表明这种方法是多么富有成效。海姆认为，成功率高并不是因为这些想法（或做实验的科学家们）特别聪明，而是因为"即使零散、不成体系，在新方向上进行探索也比人们通常认为的有益"。在这类冒险中，你很可能会失败，但是用远远少于常规工作时长的时间让想象力自由发挥，似乎是一种非常有效的探索新出路的方式，有时甚至会带来意外的收获，石墨烯就是最好的例子。所以，正如海姆所说，每个人至少应经历一次冒险。

海姆的第二个秘诀可能会让他的一些同行感到惊讶，那就是不要花太多精力去查阅文献，了解其他人在相关领域的尝试。他认为，查阅几篇相关论文确实很重要，因为这能确保你的新想法并不是在"重新发明轮子"。但如果把所有的时间都用来看文献而不是去动手尝试，就不会做出任何有用的事。因为那样的话你通常只会得出结论说这个想法已经有人试过了，但没有成功，所以没必要再试。但每一次尝试都会有细微的不同，有时毫厘之差体现在结果上就是天壤之别。

在海姆和诺沃瑟洛夫的研究之前，人们坚信二维结构材料是不可能被制造出来的。它们不稳定，这是"公认"的，但公认的"事实"最终却被推翻了。"太阳底下无新事"，采取不同的方法，用不同的方式看待事物，结果会完全不同。不过话说回来，即使有尝试的决心，如果没有垃圾桶里脏胶带的启发，没有那个幸运的巧合，"星期五晚的实验"可能也不会有任何结果。

海姆和诺沃瑟洛夫不会没听说过稳定的石墨烯无法被制造出来的说法，但他们还是放手去做了。

于是，他们就这样改变了世界。

拓展阅读

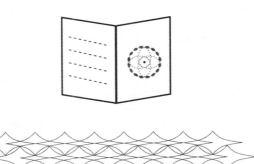

▶▶▶

目前，关于石墨烯和其他超薄材料及其应用的科普图书相对较少，想要做进一步的了解，更好的途径是关注一些相关的科技资讯和科研论文。以下是作者搜集的一些相关主题的外文资料，供读者参考。

1 胶带里的答案

The Graphene Institute website—elegant website with some information on the people involved, the work at Manchester, graphene itself and applications news.

Andre Geim's Nobel lecture—a very readable piece by Geim on his approach to science, his personal history and the discovery of graphene.

Konstantin Novoselov's Nobel lecture—a more technical piece than Geim's, but largely readable on the nature of graphene and some of its potential applications.

2 物质的本质

Atom, Piers Bizony (Icon, 2017)—a good introduction to our gradual understanding of the nature of matter.

3 量子世界

The Quantum Age, Brian Clegg (Icon, 2015)—a guide to quantum physics with more information than is generally provided on applications, from lasers to electronics.

Cracking Quantum Physics, Brian Clegg (Cassell, 2017)—a highly illustrated introduction to the basics of quantum physics.

4 新的纪元 / 5 其他超薄物质

Graphene: A New Paradigm in Condensed Matter and Device Physics, E.L. Wolf (Oxford University Press, 2014)—not much use unless you have a physics degree, but if you can take the technical content this provides a good way to discover why graphene and the other ultrathin materials are so special.

National Graphene Institute News—a good way to pick up on some of the latest developments in two-dimensional material applications, though inevitably biased to those discovered in Manchester.

Science Daily Graphene News—the latest happenings in graphene from around the world.

6 超薄的世界

The Right Formula: The Story of the National Graphene Institute, David Taylor （Manchester University Press, 2016）—a bit of a glossy sales brochure, but still has interesting snippets on both the discovery of graphene and the construction of the Institute.

Graphene Flagship—more information about the Graphene Flagship consortium and other breakthroughs in graphene can be found on its website.

Graphene patents—an overview of the state of patents in 2015 can be found in the UK Intellectual Property Office report "Graphene: the worldwide patent landscape in 2015".

致谢

感谢英国图标书局（Icon Books）的邓肯·希斯（Duncan Heath）、西蒙·弗林（Simon Flynn）、罗伯特·夏曼（Robert Sharman）以及安德鲁·法洛（Andrew Furlow）等人，没有他们的全力支持便没有本系列图书的问世。此外，我还要在此再次感谢物理学家安德烈·海姆和康斯坦丁·诺沃瑟洛夫，他们的名字贯穿本书，因为他们是一切的缘起，没有他们的开创之举，本书所讨论的超薄物质将无从谈起。

图书在版编目（CIP）数据

石墨烯：改变世界的超级材料/（英）布赖恩·克
莱格（Brian Clegg）著；杜美娜译. --重庆：重庆大
学出版社，2020.9
（微百科系列.第二季）
书名原文：The Graphene Revolution: The Weird
Science of the Ultrathin
ISBN 978-7-5689-2327-9

Ⅰ.①石… Ⅱ.①布…②杜… Ⅲ.①石墨—纳米材
料—普及读物 Ⅳ.①TB383-49

中国版本图书馆CIP数据核字（2020）第133048号

石墨烯：改变世界的超级材料

SHIMOXI: GAIBIAN SHIJIE DE CHAOJI CAILIAO

［英］布赖恩·克莱格（Brian Clegg） 著
杜美娜 译

懒蚂蚁策划人：王 斌
策划编辑：王 斌 张家钧
责任编辑：栗捷先 张家钧 装帧设计：原豆文化
责任校对：夏 宇 责任印制：赵 晟
*
重庆大学出版社出版发行
出版人：饶帮华
社址：重庆市沙坪坝区大学城西路21号
邮编：401331
电话：（023）88617190 88617185（中小学）
传真：（023）88617186 88617166
网址：http://www.cqup.com.cn
邮箱：fxk@cqup.com.cn（营销中心）
全国新华书店经销
重庆市正前方彩色印刷有限公司印刷
*
开本：890mm×1240mm 1/32 印张：5.125 字数：97 千
2020年9月第1版 2020年9月第1次印刷
ISBN 978-7-5689-2327-9 定价：46.00 元

版贸核渝字（2019）第 057 号